我的英伦甜点笔记

陈琛　著

電子工業出版社
Publishing House of Electronics Industry
北京·BEIJING

自 序

对我而言，甜品是小时候每年盼望着生日那天的奶油蛋糕；是在世界各地旅行时，排在行程首位的当地著名甜品店的各式招牌甜品；是在时尚杂志工作时，休息日里成功做出还算能吃的甜品的喜悦；是在伦敦读研究生写万字论文时，大口吃泡芙、蛋挞给自己打气；是和老公初识之时，他吃到我做的香蕉麦芬时的惊喜；是在蓝带厨艺学院学习时，每天早晨迎着朝霞出门，下课回家已是繁星满天，累瘫在床上不能动弹却充实而快乐的体验……

29岁的我，离开时尚圈，来到陌生的伦敦攻读时尚商业管理专业，却在此地爱上了厨艺，也对甜品着了迷。31岁的我为了做出完美的甜品，又回到心心念念的伦敦，到蓝带厨艺学院专修法式甜品。书中收录的，是我在伦敦的点滴回忆，留学生活的苦与乐，在世界顶级厨艺学院的学习经历和我最爱的甜品。有些甜品看起来步骤繁琐，其实做法很简单，即使是零基础的你，也可以把对烘焙的热爱化作美味的甜点，给你爱的人。

这本书献给我的先生Joshua Neal，谢谢你容忍我的一切缺点，支持我追梦；也谢谢你做我最忠实的试吃员，让我有更多动力做美食。还要感谢和我一起度过留学时光现在仍在伦敦的心怡，Maggie，六六，书中的很多照片由于时间久远已经无处可寻，她们帮我去逐个补拍。希望能以这本书，纪念我们在伦敦的好时光。

书中收录的，是我在伦敦的点滴回忆，留学生活的苦与乐，在世界顶级厨艺学院的学习经历和我最爱的甜品。有些甜品看起来步骤繁琐，其实做法很简单，即使是零基础的你，也可以把对烘焙的热爱化作美味的甜点，给你爱的人。

前言

答应出版社写这本书时，其实有一些纠结。5 年前刚开始按照网上的方法和烘焙书自己在家做甜品时，我热衷于把自己做的甜品和同事、朋友分享，也乐此不疲地开了博客，上传做法和甜品照片。到蓝带厨艺学院学习之后，接触到获得各种世界级甜点大赛冠军的 Chef（主厨），和在世界各地米其林餐厅工作的同学，学得越多越发现自己的不足。烘焙是一门学问，和我们在大学里学的商业、艺术、科学等学科一样，需要无止境地去探索。

总有很多朋友发来她们做得不是很成功的各类甜品，让我帮忙分析失败的原因，大部分情况下我都能一针见血地说出原因，得到“你太神了”的称赞。其实我只是千万蓝带厨艺学院毕业生中的一员，不是我有多神，而是我做了上百个蛋糕，她们经历的那些失败我都经历过而已。

做甜点是一个充满了幸福和成就感的过程：一小堆面粉、几枚鸡蛋、一撮糖、少许黄油，打发、搅拌，送入烤箱，就能做出美味的蛋糕；做甜点也是一个科学而严谨的过程：食材的质量、产地、储存方式，称量的准确性，操作的手法，烤箱的温度和稳定性，甚至操作间的温度、湿度等，任何一个环节都会对成品产生影响。所以同样的方法，不同的人，做出的味道各不相同。

举个最简单的例子：我的老公是位标准的巧克力爱好者，他有一个用了十几年的热巧克力方子。每次做给我喝，都令我大呼惊艳！在朋友圈分享给朋友，有人说非常好喝，有人说一般。我有些沮丧，聊了几句，知道了原因：说好喝的人用的是法国顶级巧克力粉，新西兰进口全脂牛奶；说味道一般的人用的是家里过期好久已经结块的可可粉，超市买的浓度很稀的袋装牛奶。原料直接决定了甜品的味道和品质，来自优质牧场的牛奶、天然乳脂黄油、奶油、奶酪富含钙质，并含有多种有益人体健康的维生素，而那些廉价的人造奶油、植物黄油、植脂末不仅让甜品的味道大打折扣，更会危害我们的健康。

本书配方中所有乳制品都选用进口品牌，鲜奶油为打发奶油（Whipping Cream），黄油为无盐黄油（Unsalted Butter），所用黑巧克力可可脂含量 54.5%，吉利丁每片 5g，鸡蛋约 50g 一枚，盐一小撮就是指用食指和拇指指尖捏一点点的量。

关于称量：

在本书中，以 1g 为重量单位，1ml 为体积单位，少量的液体或粉类使用茶匙 (Teaspoon) 和汤匙（Tablespoon）来称量，1 茶匙 = 5ml，1 汤匙 = 15ml。

摄影：丛芳

摄影：丛芳

Part 1 初识伦敦，甜品相伴

Part 2 重回伦敦，在蓝带厨艺学院的日子

Part 3 从皇室到民间，念念不忘的英伦传统甜品

Part 4 游伦敦，你不能错过的美味

摄影：丛芳

PART 1

初识伦敦，甜品相伴

第一次留学伦敦，朋克发源地
卡姆登镇 (Camden Town) 的杏仁苹果酥派

ALMOND APPLE PIE

伦敦是世界上最多元化的城市之一，这里充满色彩和创意，你可以随意展示个人风格，想穿什么就穿什么，穿破洞的袜子，撞色的衣服，或是把头发一半剃光，另一半染得五颜六色，都不必担心，没有人会向你投来异样的眼光。在伦敦这样一个国际化的都市，来自世界各

个角落的厨师用自己家乡的味道和无尽的创意，做出不同的料理，只要好吃，就会门庭若市。

第一次留学伦敦，其实也是我第一次去英国。在伦敦的第一个家就误打误撞地选在了朋克文化的发源地——卡姆登镇(Camden Town)，这里是伦敦嬉皮士氛围最浓厚的地区。染着鲜艳颜色的各式发型，浓重的妆容，复杂的纹身，唇钉鼻环，满是铁钉的长靴皮带，各种大胆前卫的穿着，这就是放荡不羁、生机勃勃的卡姆登镇，我“家”的楼下就是Camden High Street，热闹的街道两旁遍布着各色酒吧、音乐表演场所和美味的店铺：英式传统的Fish & Chips老店，来自中东的美味Kebab，味道很正的越南河粉店，和为了适应英国人的口味，偏甜的泰餐店和中餐店，意大利披萨店，还有“Tripadvisor”推荐的印度餐厅、日本料理。信步到百米之外的Camden Market，还有一大片的美食市场，一个个热气腾腾的摊子上，摊主吆喝着源自世界各地的创意美味。

直到今天，仍让我念念不忘的是位于街角的一家传统英式甜品店" The Little Baker"。真的是小小的一家店，新鲜面包、蛋糕、派、麦芬、饼干、三明治、香肠卷、生日蛋糕……还有我最爱的苹果派，满满地堆在玻璃展示柜里，忙碌热情的店员脸上永远洋溢着和甜品一样甜美的笑容。读语言班的时候，好多次放学从Regent Street走回家，路过" The Little Baker"买一整个苹果派，回到我的小房间，看着窗外蓝天上飘得很快的云朵，配着红茶，一块一块地吃完。

▲
The Little Baker 的苹果派

"The Little Baker" 地址： 94 Camden High Street, Camden Town, London NW1 0LT

杏仁苹果酥派（4 人份）配料

甜酥杏仁饼底

黄油 140g
白砂糖 60g
鸡蛋 2 枚
香草精华 3 ～ 5 滴
低筋面粉 200g
杏仁粉 80g
泡打粉 2ml

苹果馅

Granny Smith 青苹果 4 个
白砂糖 80g
黄油 25g
玉米淀粉 10g
低筋面粉 10g
肉桂粉 适量

杏仁苹果酥派（4 人份）做法

1. 预热烤箱至 180℃。用打蛋器将室温下的黄油加白砂糖打发至颜色发白，体积变大。

2. 把鸡蛋打散，不用打发。把香草精华加入蛋液。

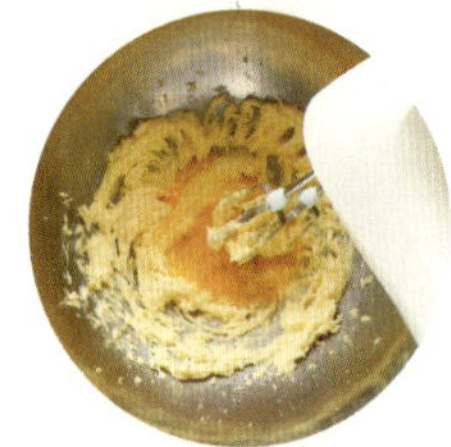

3. 将蛋液分 3 次加入打发的黄油中，用打蛋器搅打至蛋液全部融入黄油再加入下一份蛋液，直至混合均匀全部蛋液和黄油。

4. 将低筋面粉、杏仁粉、泡打粉，搅拌均匀，过筛加入黄油混合物中。

5. 用塑料刮板轻轻地压拌，直到没有面粉颗粒。

6. 用抹刀把面糊均匀地涂抹在派盘底部，厚度建议 5 ～ 8mm。

7. 将剩下的面糊放入裱花袋，先沿着派盘底部边缘挤一圈面糊。

8. 制作苹果馅：将4个Granny Smith青苹果去皮、去核，切成如图中大小的方块。

9. 将黄油加热至融化，晾凉后放在搅拌盆中，混入白砂糖、玉米淀粉、低筋面粉。放入切好的苹果块，拌匀。如果你喜欢肉桂的味道，可以加入适量肉桂粉。

10. 将苹果馅放入派盘中，轻轻地压平顶部。

11. 将剩下的面糊，十字交叉，呈网格状挤在苹果馅表面。

12. 将烤箱调至180℃，入炉烤30～40分钟，直到表面呈现漂亮的金黄色。取出，晾凉后脱盘，如边缘有粘连，用刀尖轻轻地划开，趁热享用，或配冰淇淋吃。

Lilian私享Tips:

1. 将粉状配料过筛，除了能够让面粉更蓬松，各种粉质食材更均匀地混合（比如制作麦芬时混合面粉和泡打粉、制作马卡龙时混合杏仁粉和糖粉），更能避免把在面粉、白砂糖等加工过程中容易混入的不安全物质带入甜品中，比如有人从面粉中筛出过甲虫，从白砂糖中筛出过碎玻璃。

2. 在英国超市的水果区，你会看到“Cooking Apple”区域，有很多看起来不那么美味的苹果，它们个头小小的，颜色也没有那么诱人，不适合生吃。就像这道苹果酥派中我用的Granny Smith青苹果，果实偏小，呈现鲜艳的绿色，果皮上有淡淡的白色斑点，口感酸甜，咬起来比较切，没有红富士苹果那么多汁，但却是烘焙的最佳选择。这类苹果切开后不容易氧化，放入烤箱烤40分钟也不会像普通苹果那样烂掉，吃在嘴里仍能感觉到苹果的形状和口感，同时酸涩感经过高温变成柔美的甘甜和微酸，是制作苹果派的最佳选择。

超市里的美味甜品，大口吃掉肉桂草莓挞

CINNAMON STRAWBERRY TART

第一次去英国留学的时候，我和很多年轻的姑娘们一样，并不擅长烹饪，但是每到一个国家、一个城市，逛超市、找美食却是铁打不变的爱好。英国超市里品种众多、无所不有的食材和美食，开启了我的味蕾，也慢慢地把我们这些留学生变成了好厨师。英国的超市遍

布大街小巷，有主打“健康”的高端食品超市 Whole Foods Market，也有能为你节省每一分钱的 Asda 和 Iceland 这样经济实惠的超市。

住在 Camden Town 的那段时间，我喜欢清晨或傍晚到 Regent's Park 慢跑，然后经过 Whole Foods Market 买杯鲜榨有机果汁，装一些新鲜出炉的面包和本地有机蔬菜做成的沙拉带回家。后来搬到远离伦敦城的哈罗校区，每周都会去学校附近价格亲民、商品种类齐全的 Tesco 和 Sainsbury's 大采购。第二次留学期间，住在金丝雀码头 (Canary Wharf) 附近，每隔两三天就要去 Canary Wharf 的 Waitrose 逛逛：装在真空罐子里、回家烤一烤就能吃的法式牛角包，来自新西兰的鹿肉，带有松木烟熏味道的片状海盐，国外美食节目中烤蔬菜一定要用到的鹅油；还有异国食品专区，中国的“老干妈”辣酱，印度的 Butter Chicken Sauce，越南的河粉，墨西哥的辣椒酱……在这儿都能买到。

最喜欢的超市是 Marks & Spencer(M&S)，我们叫它“貌似”。Marks & Spencer 前些年进入中国，取名“玛莎百货”，但却没能把它在英国最受欢迎的自制新鲜食品和半成品引入中国。英国 Marks & Spencer 吸引我的，除了娇艳欲滴的新鲜水果和蔬菜、美酒、自有品牌的甜点、红茶、烤坚果之外，还有各种美味又创意十足的半成品菜：切成薄片用香料和柠檬腌渍入味的鳕鱼、用烤香的红甜葱填满内部并用培根包裹的火鸡肉、鲜甜弹牙的加拿大龙虾配嫩绿芦笋、用苹果和 BBQ 酱腌渍并用果木熏制而成的英国本地猪肋排……买回家，按照说明放入烤箱，即使是厨房“小白”也能迅速地变出一顿大餐。

几乎伦敦所有的机场、火车站、长途汽车站都有 M&S，每次坐火车在英国境内旅行的时候，我都要跑到位于车站的 M&S，买一小瓶香槟、盒装的新鲜水果、三种口味精选三明治，带上火车吃。还有每次看到必买的草莓挞，它是我那几年最爱的甜点，香酥的饼底隐约散发着肉桂的香气，填得满满的卡仕达酱上，盖着深红色熟透的草莓，咬下去的时候必须坚定而小心翼翼，不然酥皮会碎成几块。因为是春季限定，所以每次只要看到货架上有草莓挞，那必须是两盒起买，结完账马上吃掉一盒，另一盒拿回家慢慢享用。

▲
伦敦的 M&S

▲
在火车上吃草莓挞

肉桂草莓挞（4人份）配料

甜酥派皮

黄油 120g
白砂糖 45g
鸡蛋 1 枚
低筋面粉 200g
盐 一小撮
肉桂粉 一小撮

香缇奶油

鲜奶油 200ml
香草精华 2~3 滴
糖霜 40g

装饰

新鲜草莓 一盒
杏酱或草莓酱 少许
开心果 少许

肉桂草莓挞（4人份）做法

1. 烤箱预热至 175℃。用打蛋器将室温的黄油加白砂糖打发至颜色发白，体积膨胀。

2. 用勺子将鸡蛋打散，分 3 次加入打发好的黄油和白砂糖混合物中，继续打匀至没有液体。

3. 依个人口味加入肉桂粉和香草精华继续打匀。

4. 筛入面粉，用刮板压拌至成团，移至操作台。

5. 用手掌搓压面团 5 次左右，放入对折的烘焙纸，将派皮擀至直径约 5mm 圆饼状，放入冰箱冷藏 15 分钟。

6. 取出派皮，用擀面杖帮忙，移到模具上。

7. 右手托住面皮外沿轻轻向中心推，左手将派皮压向派盘底部。

8. 用小刀从内向外，切去多余派皮。

9. 用叉子在派皮底部扎出若干小洞，揉皱一张略大于模具的烘焙纸，覆盖于派皮之上，把烘焙豆或烘焙石子压满模具，送入烤箱，以 175℃烤 20 分钟。

10. 除去烘焙纸和烘焙豆，再以同样温度继续烤 10 分钟左右，直到底部呈现漂亮的金黄色。取出放凉，轻轻脱掉模具备用。

11. 制作香缇奶油：从冰箱里取出鲜奶油，加入香草精华和糖霜打发至奶油呈现直钩状态。

12. 将香缇奶油装入裱花袋，以转圈的手法逐渐填满挞底，并用抹刀抹平。

13. 将草莓轻轻冲洗，用厨房纸擦干表面水分，去蒂，切半，从圆心至四周铺在香缇奶油上。

14. 将杏酱或草莓酱隔水加热，用刷子刷在草莓表面，撒少许绿色开心果碎作装饰。

Lilian 私享 Tips:

1. 很多朋友问我为什么他们做的派底很硬，没有“酥得掉渣”的口感，很关键的原因是过度揉搓面团，导致产生面筋，使成品变硬。

2. 面团做好一定要先冷藏再放入模具中，否则烤出的派底会“回缩”。

3. 面团底部扎小洞和用烘焙豆压在派底，可以避免烘烤时底部膨胀起泡，派底不平整。

4. 果酱隔水加热，用刷子刷在水果或酥皮表面能够使表面变得光亮。

带着提拉米苏
去泰晤士河畔看新年烟花

TIRAMISU

如果你在新年期间来到伦敦，一定不能错过泰晤士河畔的新年烟花表演，我曾经看过两次。12 月底虽然已是伦敦最寒冷的季节，但仍无法阻挡人们的热情，从下午六七点开始，人流从伦敦城各个角落涌向泰晤士河畔，在“伦敦眼”周围汇聚，伴随着音乐，现场 DJ 的表演，在“伦敦眼”五彩斑斓的灯光下，喝着各种让人兴奋的酒精饮料，和朋友天南海北地聊着、笑着，等待着午夜12点的烟花绽放。那天我和朋友们带了一盒提拉米苏去看烟花，大家一勺一勺大口吃着提拉米苏，用超市买的塑料酒杯喝着香槟、红酒，天寒地冻的夜晚，整个人渐渐暖和起来，笑声也变得更加爽朗，烟花在眼中慢慢上升、绽放，那是我一生中看过最美的烟花。

▲
泰晤士河畔美丽的烟花

作为一款含酒精的“成年人甜品”，提拉米苏完美融合了酒和咖啡这两种让人血液加速、嘴角上扬的神奇液体，再加上带来幸福感的奶油和马斯卡彭奶酪，我告诉老公，吃提拉米苏能让我心情愉悦，甚至进入微醺的状态，他却笑话我说怎么可能。但无论如何，关于Tiramisu名字的含义，相比传说中的“带我走”，我更愿意相信维基百科中的英文解释 “Cheer me up”，所以不论此时你的“天空”怎样阴云密布，吃一大口提拉米苏，快快振作起来，开心起来吧！

▲
在烟花映衬下的大本钟

▲
我好像是喝 high 了

提拉米苏（6人份）配料

咖啡糖浆

咖啡粉 30g
水 170ml+30ml
白砂糖 30g
朗姆酒 30ml

马斯卡彭奶油

马斯卡彭奶酪 500g
水 66ml
白砂糖 150g
蛋黄 80g
鲜奶油 300ml

一份手指饼（详见 P74 手指饼）

提拉米苏（6人份）做法

1. 制作咖啡糖浆：将 170ml 水煮至沸腾，加入 30g 咖啡粉，搅匀，关火，盖上锅盖焖一会儿。

2. 将 30g 白砂糖和 30ml 水混合加热至沸腾，制成简单糖浆。

3. 将咖啡过滤掉咖啡渣，与 2 混合，再加入 30ml 朗姆酒，制成咖啡糖浆。

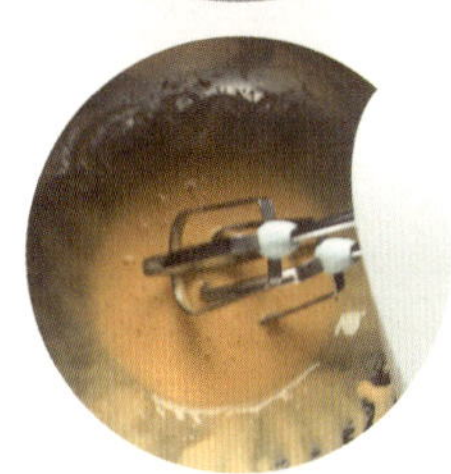

4. 将蛋黄放入盆中，用打蛋器搅打至颜色发白，体积膨胀。

5. 加热 66ml 水和 150g 白砂糖，糖融化后停止搅动，边加热边用刷子在锅壁上刷水，防止糖结晶。

6. 加热到 118℃时离火，缓慢地将糖浆沿 4 中所用的打蛋盆壁倒入打发的蛋黄中，边倒边用电动打蛋器低速打发，糖浆全部倒入蛋黄后调至高速打发，直到打蛋盆底部变成常温，打发完成。

7. 将室温的马斯卡彭奶酪放入打蛋盆，用手动打蛋器轻轻搅打至顺滑。

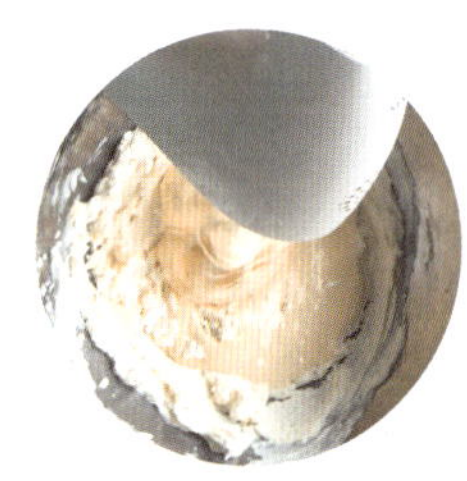

8. 将6加入7中，用打蛋器低速打至均匀混合。

9. 将鲜奶油打发至弯钩状态。

10. 用刮刀将9和8混合均匀。

11. 找一个你喜欢的容器，将手指饼浸入咖啡糖浆，快速取出，铺在容器底部。

12. 覆盖上一层10中做好的马斯卡彭奶油，用抹刀稍稍抹平，再放一层咖啡手指饼，如此重复几次。

13. 选择你喜欢的裱花嘴装入裱花袋，用剩余的马斯卡彭奶油在最上层挤出装饰奶油花，放入冰箱冷藏3小时以上，食用前筛上一层可可粉。

Lilian 私享 Tips:

1. 一些配方中提到用KAHL咖啡酒，对于一般的烘焙爱好者来说，不必买满满一大瓶，更不建议买没有品质保障的各种分装小瓶酒。建议备一瓶烘焙中常用的白朗姆酒，煮制浓缩咖啡糖浆，加入白朗姆酒，就能做出好味道的提拉米苏。

2. 步骤6中，118℃的糖浆能杀死生蛋黄中的沙门氏菌，但倾倒糖浆的速度要掌握好，太快冲入会烫熟蛋黄；速度太慢，糖浆容易凝固在锅底，正确的方法是将糖浆连贯缓缓地冲入低速打发的蛋黄。

3. 步骤7中，放至常温的马斯卡彭奶酪一定要用手动打蛋器轻轻搅打，如果用高速的电动打蛋器，很容易出现油脂分离，越打越渣的情况。

爱上烘焙的缘起，美国女孩的巧克力软曲奇

SOFT CHOCOLATE COOKIES

在英国读了两个专业之后，朝夕相处的同学们让我对自己的人生方向有了不同以往的想法。从小学到高中，我们学习的目的都是为了“考上好大学！找到好工作！”似乎考上大学，一切就会变得简单轻松，而“找到好工作”则是“成功”的不二标准，很少有人能够为了兴趣而读书，

而我们在读大学期间学到的知识，在毕业后也大部分"还给"了老师。

当 29 岁的我决定从国内知名的时尚杂志辞职，到英国念时尚商业管理的研究生课程时，不仅父母反对，周围很多朋友也不能理解，在他们眼中，放弃不错的薪水和一份处在上升期的工作去异国他乡，重新走进校园，是一种人生的"倒退"。当我来到英国，发现同班的同学大部分和我一样，大学毕业后在时尚领域工作了几年，发自内心地热爱时尚行业，希望能有新的挑战，所以才从世界各个地方，来到了伦敦。

有来自非洲的两个孩子的妈妈，来自美国的时装品牌市场经理，来自日本的广告公司职员，来自泰国的公关公司的漂亮女孩，来自中国台湾的时装品牌店店长，来自希腊的著名的"希腊小姐"……全班 2 个男生，20 多个女生，30 岁以上的占大部分，全部单身，包括那位有两个孩子的妈妈。在国内单身女性过了 25 岁就被贴上"剩女"的标签，但这些同学没有人为了结婚而发愁，而是充分享受自己的人生。上课的时候我们专注、认真地学习，学校的图书馆通宵灯火通明，也曾无数次小组讨论到深夜。课余时相约到伦敦各个博物馆看展览、看戏剧、逛市场、到 Pub 和朋友狂欢。放假时到欧洲其他国家背包旅行。来自美国的女孩喜欢在宿舍的公共厨房里用烤箱烤曲奇或蛋糕带到班里和大家分享，美式厚重的磅蛋糕加上浓浓的芝士，完全颠覆了我对蛋糕的看法，浓得化不开的巧克力软曲奇，也是那时候开始爱上的。

回到北京后，我买了烤箱，开始试着按网上的方法烤点心、做蛋糕，经常做到大半夜，自己先吃掉一大块，第二天再拿到公司和同事分享。和所有烘焙初学者一样，总是失败多于成功，上升处女座追求完美的个性让我想要去专业的学校学习甜品制作，这才有了重回伦敦并在蓝带厨艺学院学习法式甜品的经历。直到今天，我仍然忘不了第一次吃到那块巧克力软曲奇时的惊艳。我悄悄降低了方子里糖和黄油的比例，又参考了老公最爱的新西兰民族品牌 Cookie Time 的配方，加入了酸甜的杏干，制作方法很简单，即使没有烘焙经验的你也绝对可以试一试，希望你会爱上这个味道。

▲
拥有 25 年时装从业经验的客座老师

巧克软曲奇（6 人份）配料

黄油 150g
黄糖 130g
香草精华 5 滴左右
鸡蛋 1 枚
蛋黄 1 枚
低筋面粉 300g
泡打粉 2ml
烘焙用小苏打 1/2 茶匙
巧克力 130g
杏干 80g
核桃仁 60g

巧克软曲奇（6 人份）做法

1. 烤箱预热至 170℃。将黄油放入小锅中，中火加热至全部融化后离火，稍稍冷却备用。

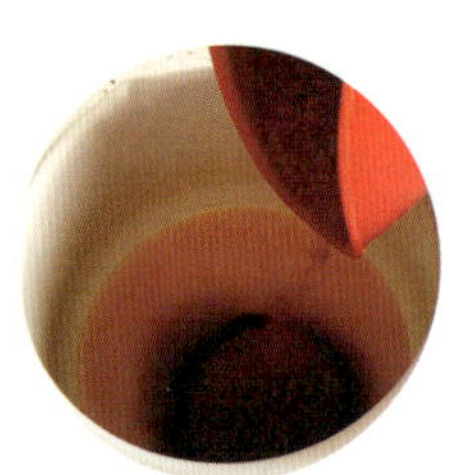

2. 将黄糖加入温热的黄油中，用手动打蛋器轻轻搅拌均匀。

3. 加入香草精华以及鸡蛋和蛋黄，继续将混合物搅拌均匀。

4. 将低筋面粉和小苏打过筛后，倒入 3 中，用刮板或刮刀采用压拌的手法均匀混合至没有干面粉。

5. 将核桃仁、杏干切成小块，市售的巧克力切碎或直接使用水滴形状的烘焙巧克力，倒入 4 中，用刮板按压，拌入面团。

6. 将面团分成若干个约 40g 的圆球，放入铺有烤垫或烘焙纸的烤盘，并保持一定间隔。

7. 用手掌轻轻将一个个圆形的小面团压成饼状，送入烤箱。

8. 烤 15 ~ 20 分钟，直到曲奇边缘轻微上色。稍稍冷却 5 分钟左右，将曲奇移至烤架，就可以趁热吃了。

Lilian 私享 Tips:

1. 配方中的黄糖 (Light Brown Sugar) 在国内并不是很常见，我用甜度和颜色都跟黄糖差不多且更健康的椰子糖代替。

2. 步骤 3 中，加入蛋液前一定要确保黄油不烫手，避免高温的黄油使鸡蛋变熟。

3. 配方中的小苏打，个人建议最好买进口的 Baking Soda，以保证上佳的口感。

4. 如果你的烤箱不够大，无法一次把所有曲奇放进去烤，可以将剩下的曲奇面团暂时用保鲜膜包好，放入冰箱冷藏。

5. 吃不完的曲奇，密封冷藏保存，吃的时候从冰箱里拿出回温直接吃或放入烤箱微微加热，热曲奇和牛奶是绝配呢！

学生宿舍里的人气美味，世界人民的法兰西多士

FRENCH TOAST

本科毕业后，上班没几年就买了房子，可是那几年梦里总是反复出现租房的场景，后来才明白，我还需要再漂泊，之后才能安定。在英国的两次留学，前前后后住过 5 个“家”，住的时间最长的是读研究生时的学生公寓，因为就在校园里，上课或是泡图书馆都方便，中

午还能回宿舍做个快手午餐，泡杯咖啡小憩一下。

宿舍是男生女生同住一层的，有点像快捷酒店，每人一个房间，房间里一张单人床，一个简单衣柜，一个长书桌，两个书架，还有小而可爱、有点像飞机上卫生间的浴室。厨房是6个人合用，冰箱、烤箱、微波炉、烤面包机和可以炒菜的电力四孔灶台。记忆中真正用它们煎炒烹炸的只有我和隔壁宿舍的印度同学，香港地区的同学喜欢煮一碗面，用微波炉“叮”个生菜；意大利男生会给自己做Pasta来吃；加拿大哥哥则直接吃超市买的各种现成的食品，至于其他几个希腊、澳大利亚、俄罗斯舍友喜欢做什么来吃，我已经完全没了印象，或者他们根本不做饭。

每当我在厨房忙碌，叮叮当当做出一顿美味，他们都会好奇地盯着看，“Lilian,那个黑色的是什么？”……木耳，木耳用英文怎么说？彼时英文并不好的我在心里想，只能瞎编了，“我们叫它木头的耳朵，就是和蘑菇差不多的菌类，要尝尝吗？”“不，谢谢。”有一次我在唐人街买到很棒的鸭舌，在当地肉店买了新鲜的猪尾巴，小火慢炖几小时，准备卤得烂烂的搭配啤酒吃，“Lilian,你在煮什么，好香啊！”“鸭舌头和猪尾巴，要尝尝吗？”“不，谢谢。”终于有一天，“Lilian,你在炒什么？”“宫保鸡丁！”“你会做宫保鸡丁？我在唐人街吃过很好吃！”“你要试试我做的吗？”“好呀，能再给我一些米饭吗？”就这样，我的宫保鸡丁少了三分之一。

很多个周末的早晨，我会到厨房给自己做一份French Toast，只有在这个时候，舍友们才不会好奇我在做什么，而是说：“啊哈！你在做French Toast！”虽然名字里有个French，但可不是法国人民的专利，因为它简单美味，可以做早餐，也适合当下午茶，各国同学都爱它。除了面包、牛奶、鸡蛋这三种必需的原料之外，各国同学都有自己的Recipe：有的喜欢在两片面包中间夹巧克力榛子酱，有的习惯用橙汁代替牛奶，瑞典姑娘强烈建议吃之前撒上肉桂粉，当然你也可以在两片面包间夹些花生酱，淋上炼乳或蜜糖。说到这儿，是不是觉得很熟悉，对，French Toast在香港地区的名字就是“法兰西多士”。

▲
毕业离开时，宿舍恢复了原来的样子

法兰西多士（4 人份）配料

白面包片 8 片	牛奶 15ml
瓶装花生酱	香草精华 2~3 滴
鸡蛋 2 枚	黄油 少许

法兰西多士（4 人份）做法

1. 取出一片白面包，一面均匀涂抹花生酱。

2. 盖上第二片白面包（如果想要更完美的口感，可以用刀切去面包四周的硬皮）。

3. 将牛奶、香草精华加入鸡蛋，用手动打蛋器轻轻打散即可，不必打发。

4. 将一小块黄油放入平底不粘锅，中火加热至黄油全部融化。

5. 将面包浸入蛋液中，迅速拿出，换另一面，也蘸满蛋液，别忘了侧面也要有蛋液。

6. 放入锅中，煎至两面金黄后取出。

7. 移至厨房用吸油纸上，吸去多余油分，沿对角切开，淋上糖浆或蜂蜜。

Lilian 私享 Tips:

1. 做 French Toast 用各种面包片都可以，我喜欢用以牛奶制成的松软白面包来做，会给味道加分不少。

2. 中国香港地区的“澳洲牛奶公司”，会放小块黄油在刚出锅的西多士上，淋上金黄色糖浆端上桌给顾客品尝，也可以换成蜂蜜或是炼乳，都非常美味。

写论文的夜晚，
幸好有草莓香草奶油泡芙陪伴

STRAWBERRY VANILLA CREAM PUFFS

留学生活无限美好，没有工作的压力，眼里满是不一样的风景，感受着异国的文化和气息；学习也不再是为了父母，每天学到的都是自己喜欢的课程。英国节日众多，大大小小的假期里，买张 EasyJet 的特价机票，用北京到上海的高铁车票钱飞到罗马飞到巴黎飞到瑞

士……但所有的留学生都会有一个逃不开的梦魇——毕业论文！尤其是对英语不是母语的学生而言，14000字的论文，半个小时的毕业演讲，在结合所学课程的基础上，要有市场调查、消费者问卷、时装行业人士采访，要有“Creative Thinking”（创造性思维）……

从图书馆借的书

即使时隔多年，我仍能清晰地记得通宵泡图书馆时，窗外路灯透过树叶投射在地上斑驳的光；一次次从图书馆用行李箱将参考书拉回宿舍；约见导师沟通论文前夜的忐忑；凌晨宿舍外春雨落在地上流淌时，潺潺如小溪的水声；一次次写论文到凌晨，抬头窥见窗外美丽的朝霞；还有就是听到全部科目和毕业论文都顺利通过时的雀跃。伴随我度过那几个月写论文的黑暗苦旅，帮我打气加油的，是住在隔壁宿舍音乐系的加拿大男生、酒和泡芙。

凌晨的图书馆依然灯火通明

傍晚写论文写累了，总喜欢沿着学校的大草坪走到附近的Sainsbury's超市，买一大盒泡芙、一瓶酒。写论文时没有酒是撑不下去的，红酒、香槟、伏特加、梨子味的啤酒、最爱的Guinness和百利甜，喝下去立刻头脑清晰，文思如泉涌，英文水平更是突然上了一个台阶。这个时候，吃一大口冰冰凉凉的奶油泡芙，更是幸福感爆棚，在异国他乡深夜赶论文的凄凉感瞬间烟消云散。那几个月在深夜吃下很多泡芙，但因为写论文真的太辛苦，所以一点都没胖。

无数次赶论文到朝霞初现

草莓香草奶油泡芙（8 人份）配料

泡芙面糊	泡芙酥皮	马斯卡彭奶油
水 125ml	黄油 100g	马斯卡彭奶酪 250g
牛奶 125ml	糖粉 80g	鲜奶油 250g
黄油 100g	低筋面粉 100g	糖霜 100g
食盐 1g		香草精华 约 3 滴左右
细砂糖 10g		
高筋面粉 150g		
鸡蛋 250g（约 5 枚）		

草莓若干　　烤杏仁片（可选）

草莓香草奶油泡芙（8 人份）做法

1. 先做酥皮：将黄油从冰箱冷藏室拿出，切成小块。将糖粉和低筋面粉混合过筛，和黄油混合，用手搓匀，直到没有明显的块状黄油。

2. 用刮板按压数次成面团。

3. 将面团取出，覆盖上烘焙纸，用擀面杖擀成3mm左右的薄片，放入冰箱冷藏15分钟以上取出，用圆形切模工具切出圆片冷藏备用。

4. 烤箱预热至190℃。制作泡芙面糊：将面粉过筛备用。

5. 将水、牛奶、黄油、细砂糖和食盐倒入锅中，中火加热，偶尔搅拌，直到开始沸腾。

6. 沸腾后立即离火，加入过筛后的面粉，用刮刀搅拌均匀。

7. 继续中火加热，不停压拌，直至面团成形、有光泽、不沾刮刀，锅底形成一层薄膜。

8. 取出面团，在容器中摊开晾凉至室温。

9. 将鸡蛋打散，分多次加入面团中，每加一次，用刮刀压拌，每次需将蛋液充分搅拌吸收后，再加下一份蛋液。重复以上操作，直至提起刮刀时，面糊下垂不滴落，呈现倒三角形。

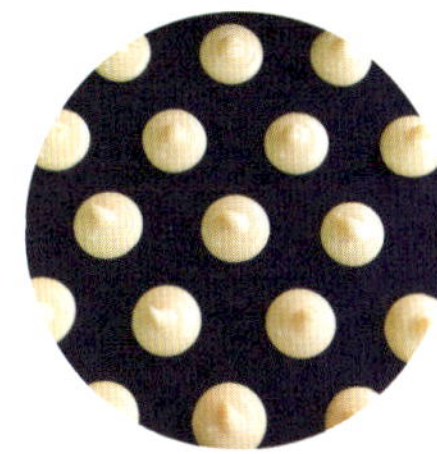

10. 将混合物装入圆嘴裱花袋，在烤盘上挤出相同大小的圆形，并保持一倍间距。

11. 将 3 中冷藏变硬的酥皮圆片轻轻盖在 10 中的泡芙面团上，放入烤箱，烤 20 ~ 25 分钟至泡芙表面呈现金棕色，取出晾凉至室温。

12. 制作马斯卡彭奶油：将室温的马斯卡彭奶酪用手动打蛋器轻轻搅拌至顺滑；鲜奶油加入糖霜和适量香草精华，用打蛋器打至直钩状，将打发好的鲜奶油和马斯卡彭奶酪混合搅匀，装入裱花袋备用。

13. 食用前的组装：将泡芙横向一切为二，在下层泡芙壳中填入马斯卡彭奶油。将草莓洗净，擦干，去蒂，放在奶油上。

14. 用马斯卡彭奶油转圈覆盖在草莓上，盖上上层泡芙壳，可以用烤香的杏仁片装饰。

那些 chef 教我的秘笈：

1. 烤制泡芙需要防粘烤盘，如果烤盘不是防粘的，先用刷子刷上一些融化的黄油液，并用厨房纸擦掉多余的黄油即可。

2. 泡芙要一次性全部放入烤箱，迅速关闭烤箱门，之后的 15 分钟都不要打开烤箱，否则泡芙没有办法膨胀到位。

3. 烘烤时间约 20 ~ 25 分钟，但因为烤箱不同，湿度不同，检验泡芙是否烤熟的标准，一是看泡芙表面是否呈现漂亮的金棕色，二是取出泡芙用刀切开，如果内部已经干燥才说明完全烘烤到位。

4. 将烤盘从烤箱中取出后，需要将泡芙移到烤架上，避免粘连烤盘。为了保持泡芙的酥脆，吃之前再将奶油和草莓填入泡芙。

5. 如果将泡芙壳放在密封袋中冷冻，可以保存很久，食用前再送入 160℃的烤箱烘烤加热即可恢复酥脆的口感。

PART 2

重回伦敦，在蓝带厨艺学院的日子

爱上学校咖啡厅的
巧克力香蕉麦芬

BANANA CHOCOLATE MUFFIN

当我完成研究生课程，回到北京，回到杂志社，生活也回到了之前的轨道，每天重复一样的生活：早晨起床梳洗打扮，10 点钟到公司，不停响起的电话、一个又一个会议、杂志截稿关书、出差、年度谈判，周而复始，看似好像一成不变，有些事却在慢慢发酵。

留学前经常在外面就餐的我，现在爱上了做饭和烘焙，于是买了烤箱和烘焙书天天烤点心直到凌晨。和大家一样，我也遇到了所有烘焙新手都会遇到的失败，为了寻找靠谱的好方子，机缘巧合地认识了一个新西兰人，当他发给我他奶奶使用多年的香蕉麦芬的方子之后，他意外地收到了我让同事带给他的烤得不怎么样的麦芬，而我则收获了一个男朋友。这个人的出现，让我慢慢发现所谓的“成功”其实并不是生活的全部，做自己想做的事，每天都开开心心的，才不枉费了这一生。在他的支持和鼓励下，我申请了法国蓝带厨艺学院伦敦校区的法式甜品课程，再次前往我最爱的伦敦。出发前我们约定，如果经过这将近 1 年的异地恋，我们仍然深爱彼此，等我回来就结婚。

▲

蓝带咖啡厅出品，超好吃的香蕉麦芬

坐在从希思罗机场开往伦敦市区的火车上，看到窗外的绿色，瞬间无缝连接，思绪回到 2 年前。空气里散发着熟悉的味道，一座座建筑都和记忆里一般不二，唯一不一样的是此时心里已经住了一个人。当我第一天来到蓝带厨艺学院伦敦校区，在一层的咖啡厅看到香蕉麦芬时，马上点来吃，拍照片，发微信给他说“等我回去就能做这么好吃的麦芬给你吃了”。4 年后的今天，我早已从蓝带厨艺学院毕业回到北京，也如约在回国第一个月后就去领了结婚证，各种各样的蛋糕应该也做了几百个，但给他做香蕉麦芬的次数屈指可数…… 趁着写这本书，翻出这个方子给你们，也做给我最爱的老公吃。

▲

学校咖啡厅的甜品

巧克力香蕉麦芬（8人份）配料

- 黄油 100g
- 椰子糖或黄糖 120g
- 鸡蛋 2 枚
- 低筋面粉 450g
- 泡打粉 2 茶匙
- 烘焙用小苏打 1 茶匙
- 海盐 一小撮
- 牛奶 370ml
- 熟透的香蕉 300g
- 烘焙用巧克力 120g
- 生麦片 少许（可选）

巧克力香蕉麦芬（8人份）做法

1. 烤箱预热至 200℃，黄油在室温下软化，用电动打蛋器将椰子糖和黄油打发至混合均匀，体积稍稍膨胀。

2. 分两次加入鸡蛋，并搅打均匀。

3. 将低筋面粉、泡打粉、海盐混合，过筛备用。

4. 将小苏打溶解在牛奶中，混合均匀。

5. 将 3 和 4 交替倒入 2 中，并用刮刀混合均匀。

6. 香蕉去皮，放入封口袋中，用擀面杖压成泥。

7. 将香蕉泥刮入 5，接着放入烘焙用巧克力，混合均匀。

8. 将麦芬纸托放入模具，用裱花袋将面糊填入纸托中，约 1/2 满。

9. 表面撒上少许麦片和巧克力。

10. 放入烤箱，烘烤 12 ~ 15 分钟，用牙签或小刀插入麦芬中，如果抽出时小刀表面干净无糊状物即可出炉。

Lilian 私享 Tips:

1. 麦芬是很多烘焙新手都喜欢做给家人吃的点心，操作简单，没有太多技术含量。回看当年我第一次做给老公的麦芬，其实挺失败的，因为当时没有量勺，泡打粉的量没放够，造成内部组织膨胀不到位，而我又因此增加了烤制的时间，造成表面上色过深，内部不够松软。

2. 在绝大部分甜品的制作中，所需要的泡打粉、苏打粉甚至酵母的用量都很小，但哪怕少了 1g，做出来的甜点口味都会大打折扣，而家用的电子秤很难精确称量 1g、2g 的小剂量配料，所以很多方子都会用茶匙 (teaspoon) 或汤匙 (table spoon) 来作为计量单位。买一套烘焙量勺，能帮助你在烘焙路上少走弯路。

迎着晨光去上课，怎能少了早餐谷物能量棒

GRANOLA BAR

拿到学校发的工具包和帅气的制服很开心，可看到满满的课程表，不禁倒吸一口冷气：早晨 8:00 第一节演示课，Chef 边演示边讲解，制作几款甜品；之后是 2 小时的实操课，全班同学进厨房，在指定的时间内完成其中一款甜品，然后 Chef 会评价和打分，每天的实操课成

绩直接计入总成绩，决定了能否顺利毕业；短暂的午休后是下午的理论课和晚上的品酒课、奶酪讲座，还有一些可以自己报名参加的公开Chef演示课。课程的密集度和强度远远超过当年的研究生课程。

早晨8:00上课就意味着最晚7:30就要到学校的更衣室，更换制服，整理工具包。蓝带厨艺学院伦敦校区坐落在大英博物馆的对街，而我住在城东O2体育馆的对岸，再加上时常因为罢工和各种紧急情况而延误或关闭的地铁，想不迟到的话必须每天早晨6:30就要出门，这对于6年来都是9:00起床的人，简直是噩梦。于是，能快速补充体力，吃起来方便美味的Granola Bar成了我的早餐首选，早晨赶地铁、课间休息、饿了或是馋了，随时掏出一块放在嘴里，越嚼越香，马上电力满格。

英国的超市里出售各种各样的Granola Bar：枫糖、巧克力、焦糖、肉桂、蜂蜜、酸奶、莓果……口味多样，但都有一个共同点——太甜！为了吃得更健康，经过很多次尝试，终于做出了属于我自己的Granola Bar：健康又能补充能量的干果，配合酸甜的蔓越莓和杏干，只用少量的葡萄糖浆和蜂蜜来制作，不加一点儿白砂糖，更没有防腐剂，不用烤箱就能做，你也快试试吧！

▲
健康的坚果能够迅速补充能量

▲
早晨伴着朝霞去上课

早餐谷物能量棒（4 人份）配料

杏仁 40g	燕麦 60g
腰果 40g	蔓越莓干 30g
南瓜子 40g	杏干 30g
花生 40g	蜂蜜 100g
核桃 40g	葡萄糖浆 (Glucose) 25g

早餐谷物能量棒（4 人份）做法

1. 将杏仁、核桃、腰果稍稍剪或切小一些，和其他果仁在平底锅中翻炒至颜色微微发黄，散发果仁香气，取出备用。

2. 果干切成小块，同果仁一起置于盆内，稍稍搅拌，使其均匀分布。

3. 准备一个方形模具，并将烘焙纸铺在内部。

4. 将蜂蜜和葡萄糖浆倒入小锅加热至沸腾，转小火保持沸腾状态，继续加热至 126℃，离火。

5. 将液体迅速倒入果仁果干混合物中，用耐热刮刀快速翻拌，使得每一粒果仁果干都均匀地被蜂蜜糖浆覆盖。趁热快速倒入铺着烘焙纸的方形模具中，用烘焙纸盖在表面，并用木铲或其他比较硬的工具压紧压平。

6. 等 30 分钟左右，晾凉后，用刀按照个人喜好切成方便食用的形状。

Lilian 私享 Tips:

1. 关于模具的选择，最好是方形，大小根据你准备的果干和果仁的量来定，当你把果干果仁放入模具，高度大概 1.5cm ~ 2cm 即可。

2. 葡萄糖浆 Glucose，也有人叫它玉米糖浆，电商网站可以买到。

3. 蜂蜜和葡萄糖浆放入锅中的高度最好控制在锅的 1/4，因为蜂蜜和葡萄糖浆加热沸腾后，体积会膨胀很多，如果装得太满很容易溢出来。

4. 加热后糖浆温度高达 126℃，一定注意避免烫伤。

面粉的性格，通过松饼来略知一二

PANCAKES

来说一说面粉吧，在蓝带厨艺学院初级班的理论课上，Chef 花了一个多小时讲解小麦的结构、面粉制作的工序，我才知道不同种类、不同产地的小麦，按照不同的制作工艺生产出来的面粉各异，用途更是不同。欧洲、美洲、亚洲……很多国家地区都有自己的一套面粉分类系统。蓝带厨艺学院是法国学校，上学时课本上的配方和操作课使用的面粉都是按照欧洲标准，主要用灰度较低的 T45 和 T55 以及高筋度的 T65。回国后使用国内面粉做甜品，是一个痛苦的磨合过程，上学时手到擒来，做过无数遍的泡芙、面包，配方不变，方法不变，却一次又一次的失败。后来逐渐找到了用着顺手的国内面粉品牌，也经常买一些日本面粉和法国面粉来用，尤其是做松软的戚风和酥得掉渣的千层派皮，日本面粉的效果甚至好于法国面粉。

对于烘焙爱好者而言，还是购买性价比高的国产面粉更方便，国产的面粉按照面粉中面筋 (Gluten) 的含量来分，主要有低筋、中筋和高筋。其中低筋面粉主要用来制作饼干、派皮、蛋糕；中筋面粉常用来做中式的面点比如馒头、面条；高筋面粉则用来制作面包、泡芙等。还有用保留麸皮的整粒小麦磨制的全麦面粉以及添加了泡打粉或干酵母的自发粉。

选对了面粉的种类，就迈出了制作出可口甜品的第一步。同样，面粉的储藏和使用方法也很重要：面粉需要被保存在通风干燥的地方，高温和空气中较高的湿度都会加速面粉的变质。使用面粉之前要先过筛，不光是为了防止面粉中有谷壳、小虫或其他杂质，更是为了让面粉变得疏松，更好地与配方中的液体或油脂结合在一起。不同配方的甜品，加入面粉后搅拌的方法不同，请严格遵守配方中的操作手法，比如蛋糕，加入面粉后要用翻拌的手法，尽量减少操作的次数。下面这款很简单的松饼也是一样道理，避免过度搅拌，不让面粉起筋，做出的松饼才能蓬松美味。

▲
充满幸福感的黄油蜂蜜松饼

▲
松饼搭配香蕉巧克力酱

松饼（4人份）配料

低筋面粉 130g	鸡蛋 1枚
烘焙用泡打粉 1茶匙	白砂糖 70g
盐 一小撮	牛奶 180ml

松饼（4人份）做法

1. 将盐、泡打粉、面粉过筛到盆中。

2. 在另一个盆中，用打蛋器将白砂糖和鸡蛋打发至颜色发白，变稠。

3. 加入牛奶稍稍搅拌，加入过筛的粉类，用手动打蛋器以“之”字形搅拌至无面粉颗粒即可，不要转圈搅拌，更不要过度搅拌。

4. 中火加热不粘锅，用60ml左右的量勺装满面糊，倒在锅中央。

5. 当看到有大气泡出现，轻轻地用刮刀翻面，继续加热，直到两面均呈现漂亮的金黄色即可出锅。

Lilian 私享 Tips:

圆圆胖胖的松饼让你的早餐充满幸福感，在阳光明媚的早晨，做一盘热乎乎的松饼，或趁热涂上黄油，或淋了枫糖浆，或配巧克力酱、果酱，再搭配香蕉、草莓，是营养又美味的早餐。

TWININGS

▲
超市里的“冬季限定”

糖的秘密之一：太妃糖苹果

TOFFEE APPLE

甜是最能带来幸福感的味道，说到“甜”，第一个想到的总是糖。在烘焙中，糖不止带来甜蜜的味道，它还有更重要的作用：打发鸡蛋、奶油，黄油时加入糖，打发率会提高，混合物也会更加稳定；糖可以削减面粉的筋度，使蛋糕质地变得更加松软细腻，蛋糕表面形成美丽的金黄色的皮；糖也是很好的防腐剂，它帮助蛋糕体保持湿润并延长保存时间，果酱也是因为配方中含有大量的糖而能长时间不变质；做面包时糖更是酵母不可缺少的搭档。

讲烘焙课时，很多学生都会问我为什么他们做的蛋糕、马卡龙会失败，很多时候分析下来，是因为“怕甜，减少了配方中的糖”。其实好的方子一定会讲究味道的搭配，比如用树莓Jelly的酸来平衡白巧克力慕斯的甜；用柠檬的酸味和清爽的口感来降低蛋糕的油腻和甜度。还有下面这两款甜品：英国超市的冬季限定Toffee Apple，就像我们小时候吃的糖葫芦，外面是晶莹剔透，脆脆甜甜的糖壳，里面是有些微酸的苹果，令人好吃得停不下来；第二款海盐焦糖酱，焦糖特有的香气和微苦，还有海盐的一点咸味，丝滑香浓，用来做慕斯夹心或是涂抹面包、配冰淇淋，都很赞。

Lilian 私享 Tips:

步骤2中，用刷子在锅的内壁刷水，是为了防止糖浆飞溅到内壁，并随着水分的蒸发重新变成糖的晶体落回糖浆，造成整锅糖浆结晶(Crystallization)，糖浆失去黏性变成白色冰晶状而无法使用。刷水的这个技巧在蓝带厨艺学院烘焙课中经常使用。

太妃糖苹果（6人份）配料

水 100ml

白砂糖 300g

“黄元帅”苹果6个

纸棍 / 木棍（食品级）6支

太妃糖苹果（6人份）做法

1. 苹果洗净去除果蒂，擦干，用小木棍垂直插入苹果中。

2. 中火加热糖和水混合液体，稍稍搅拌至白砂糖全部融化，停止搅拌。偶尔用刷子在锅内壁边缘刷水，直到超过150℃，糖浆微微呈现金黄色，关火。

3. 倾斜锅，拿着小棍，凑近糖浆，轻轻转动苹果，让糖浆薄薄地均匀覆盖在苹果上。

4. 稍稍让糖浆自然流下，将苹果倒置在铺了防粘垫的烤盘中，冷却到糖浆凝固。

糖的秘密之二：
海盐焦糖酱

SEA SALT CARAMEL

海盐焦糖酱（一份）配料

白砂糖 100g
鲜奶油 100ml
黄油 15g
海盐 5g

海盐焦糖酱（一份）做法

1. 将白砂糖放在一个浅色的厚底锅中，中火加热，偶尔用耐热的刮刀搅拌，避免局部过热。

2. 当锅内所有白砂糖全部融化且呈现漂亮的琥珀色时，转小火加入鲜奶油，并搅拌至混合均匀。

3. 加入切成小块的黄油和海盐，继续轻轻搅拌至黄油全部融化。

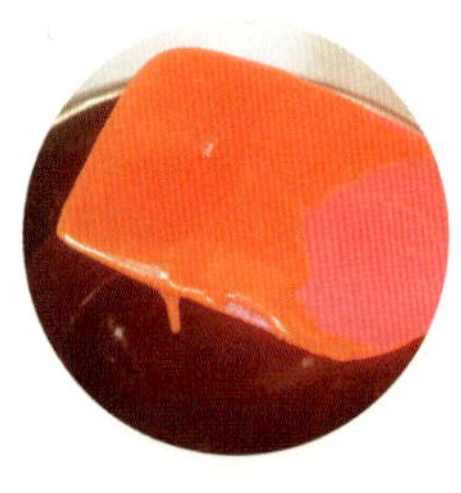

4. 当焦糖酱逐渐变得黏稠，用刮刀盛起时能够呈现图中的状态时，关火；晾凉后，装入罐子中密封保存。

糖的秘密之三：杏香果汁软糖

APRICOT JELLY

杏香果汁软糖（多人份）配料

黄杏果茸 200g
椰奶 50g
白砂糖 50g+100g
黄油 15g
海盐 5g
柠檬酸 6g
葡萄糖浆 50g
柠檬汁 3g

杏香果汁软糖（多人份）做法

1. 将黄杏果茸和椰奶一起加热至沸腾，将柠檬酸和 50g 白砂糖加入果茸中，继续加热至重新沸腾。

2. 加入另一份 100g 白砂糖和葡萄糖浆，继续加热至 108℃，用小勺蘸取少许混合物滴入凉水中，如果能呈球状即停止加热，加入柠檬汁混合均匀。

3. 倒入放有烘焙纸的方形模具中，室温晾凉至成形。

4. 切成小块，均匀地蘸上白砂糖。

闻得到的香甜：香草和香草糖

VANILLA & VANILLA SUGAR

香草的小知识：

我们所见到的香草荚，是被子植物门兰科的一个属，在甜品中被广泛应用于制作冰淇淋、布丁、甜味的派、蛋糕，尤其是和巧克力搭配，味道特别美妙。优质的香草荚主要产自墨西哥、马达加斯加和塞舌尔地区，价格不菲。在制作甜品时，从香草荚中取出香草籽，加入甜品，也可以使用一些香草制品，如香草膏 (Vanilla Paste) 和香草精华 (Vanilla Extract)，还有香草精 (Vanilla Essence)。香草膏 (Vanilla Paste) 是将天然的香草籽浸入葡萄糖和少量淀粉，制成含丰富香草籽的浓郁的膏体；香草精华 (Vanilla Extract) 也是选用天然的香草荚，浸入高浓度酒（如伏特加）中萃取而成；相比之下价格最低的香草精 (Vanilla Essence) 则是用化学成分来实现浓郁的香草味道。

香草和香草糖（多人份）做法

1. 在案板上一手按住香草荚的顶端，另一手拿锋利的小刀轻轻划开香草荚上层的表皮，露出内部的黑色香草籽。

2. 用小刀从左至右刮出香草籽。

3. 香草籽可以直接用于甜品制作，去掉香草籽之后的香草荚在制作液态酱汁（比如卡仕达酱）时，可以和牛奶或奶油一起煮出香味后，过滤扔掉。

4. 如果用不到香草荚也不要浪费，可以切成小段，制作香草糖。

5. 将香草荚和白砂糖一起放在密封的容器内一段时间，就可以得到充满香草味道的糖了。制作咖啡或热巧克力的时候用香草糖代替普通白砂糖，味道非常不错。

手工熬制出来的万能奶油：卡仕达酱

PASTRY CREAM

学习厨房知识、食品安全，煮糖浆，切水果，我们就这样轻轻松松度过了在蓝带厨艺学院的前几节课，直到学做 Pastry Cream 的那天，我才意识到烘焙原来是个力气活儿……

Pastry Cream 是用牛奶、蛋黄、白砂糖、玉米淀粉和低筋面粉按比例一起低温熬煮出来的奶油。Chef 说别看它其貌不扬，却在法式甜品中占有非常重要的地位，翻译成大白话就是"哪儿哪儿都有它"：比如它是舒芙蕾 (Souffle) 的基底奶油；加入打发的鲜奶油就变成了 Diplomat Cream；加入黄油和朗姆酒就是 Mousseline Cream；加入吉利丁和意大利蛋白霜又成了 Chiboust Cream；加入杏仁奶油 (Almond Cream) 可以做成好吃的杏仁挞；你甚至可以随意地把它加入你喜欢的巧克力酱、榛子酱、咖啡糖浆，做成美味的泡芙或水果挞甚至蛋糕。

而如此奇妙的 Pastry Cream 你只能守着一口锅，拿着一个打蛋器从头到尾一刻不停地搅拌，一刻不能停，也没有机器可以替代。近些年很多饼房用一种市售的粉末加水直接"冲"出的所谓 Pastry Cream，味道和口感相差甚远，你若吃过真正手工小火用心熬制的 Pastry Cream，就能体会法式甜品的魅力。

卡仕达酱（一份）配料

全脂牛奶 300ml
蛋黄 4 枚
白砂糖 25g+25g
低筋面粉 15g
玉米淀粉 15g
香草荚 1 根
朗姆酒 半瓶盖

卡仕达酱（一份）做法

1. 将 25g 白砂糖加入蛋黄中，马上用打蛋器快速搅打至白砂糖融化，蛋黄体积略增大，颜色变浅。

2. 将低筋面粉和玉米淀粉过筛，加入蛋黄中，用手动打蛋器轻轻搅拌均匀。

3. 将香草籽从香草荚中取出，牛奶倒入锅中，加入香草籽和25g白砂糖，小火加热直至边缘开始沸腾。

4. 将1/2热牛奶缓慢倒入2中，边倒边用手动打蛋器搅拌，使其混合均匀。

5. 将4倒回牛奶锅，继续中小火加热并不停地搅拌，防止结块。随着水分的蒸发，混合物变得浓稠，将火调小并更加快速地搅拌，直到底部持续冒出气泡，尝一下混合物没有生面粉的味道，立即关火。

6. 将煮好的Pastry Cream过筛，倒入一个开口较大的容器，表面覆盖保鲜膜并排出空气于室温冷却。

7. 使用前按口味和用途加入白朗姆酒、橙子味利口酒或咖啡酒，并用打蛋器搅打至质地柔滑，恢复光泽即可。

1. 步骤1中，将白砂糖加入蛋黄后，一定要马上用打蛋器快速搅打，因为蛋黄接触到白砂糖很快就会结块，无法再打成顺滑的状态。

2. 因为Pastry Cream非常容易糊掉或粘在锅底，所以初学者最好使用厚底锅，并在整个熬煮的过程中大力度持续不间断地搅拌，这是制作Pastry Cream成功的关键。

用喷枪制作琥珀色的焦糖脆壳：焦糖黄桃奶油布蕾

PEACH CRÈME BRÛLÉE

在蓝带厨艺学院甜品课程初级班，第一次使用烤箱的实操课上，我们做了这款用蛋黄、奶油和香草制成的甜品——Crème brûlée（奶油布蕾），也是我第一次战战兢兢地学着用喷枪焦化砂糖，做成布蕾表面脆脆的焦糖壳。

Crème brûlée，最早出现在1691年出版的一本法国烹饪书中，之后的数百年在英法两国备受欢迎。直到今天，依然是高级餐厅里最流行的甜品。

传统的Crème brûlée用天然的香草籽来调和蛋黄和奶油的香味，也可以将柠檬屑、橙皮、肉桂甚至咖啡的味道融入Crème brûlée。

在伦敦大大小小的超市和水果摊，很少能看到我们常吃的毛茸茸的桃子，反而黄桃一年四季不断。成熟的黄桃甜蜜多汁，用烤箱烤过，颜色如同太阳一样明媚，在阴雨的伦敦，我第一次做了这道焦糖黄桃奶油布蕾。

焦糖黄桃奶油布蕾（6人份）配料

蛋黄 120g	淡奶油 500g
白砂糖 90g	黄桃 3 个
香草荚 1 根	幼砂糖 50g

焦糖黄桃奶油布蕾（6人份）做法

1. 将黄桃一分为二，轻轻拧开，在黄桃内部的果肉上，均匀撒上一层白砂糖，入烤箱，以 180℃烤 20 分钟，取出，冷却，去皮待用。

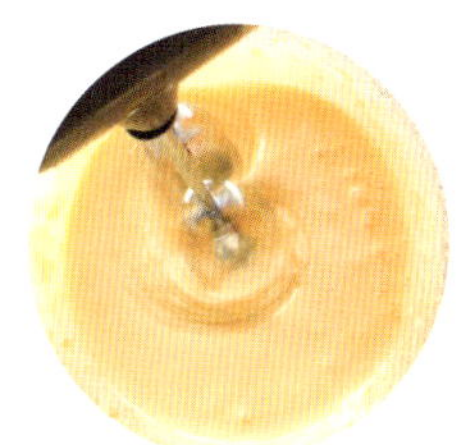

2. 将蛋黄、白砂糖混合，迅速打发至糖融化，蛋黄颜色变淡。

3. 从香草荚中取出香草籽，放入奶油中，将奶油用小火加热至边缘开始沸腾，离火。将奶油分次缓慢地加入蛋黄混合物中，边加边轻轻搅拌直至混合均匀。

4. 将蛋奶液倒入量杯，轻轻振动以去掉表面气泡，将蛋奶液倒入容器至 2cm 左右高度，将容器放在烤盘上，烤盘内注水至布蕾容器的 1/2 高度，放入烤箱，以 180℃烤 30 ~ 40 分钟，直至凝固，取出。覆盖保鲜膜，放入冰箱冷藏 2 个小时，取出。

5. 食用前在布蕾表面均匀撒上薄薄的一层幼砂糖，用喷枪将砂糖熔至焦化。放凉 5 分钟后，将黄桃放在焦糖上，用小勺敲开糖壳即可享用。

那些 chef 教我的秘笈：

1. 将奶油分次缓慢加入蛋黄混合物中，轻轻搅拌均匀后再加入第二次，这样操作可以避免蛋黄被高温的奶油冲成鸡蛋花。

2. 布蕾在烤箱内烤至凝固即可，千万不要烤得太硬，甚至表面焦黄，那样极其影响口感。

3. 放入冰箱冷藏的步骤不可缺少，冷藏会使蛋奶布蕾的组织变得更加细腻顺滑。

4. 因为焦糖很容易融化，所以最后一步用喷枪加热幼砂糖一定在食用前进行。建议用幼砂糖是因为细腻的砂糖组织更容易被融化，形成漂亮均匀的焦糖色脆壳。

Shortcrust Pastry 基础酥皮，在法式甜点中很常见，制作方法也比较简单，所以在蓝带厨艺学院的甜点课程中，它被放在了初级课程中。成功的秘诀是用特殊的手法将黄油和面粉混合在一起，而且一定要后加入液体，经过烤制变成金黄色，你可以用模具将基础酥皮做成挞底，填入甜味的馅料，做成柠檬挞、巧克力挞；也可以把它用作奶酪蛋糕、慕斯蛋糕的基底。因为含糖量低，在西方国家，基础酥皮也经常被用来制作咸味的菠菜培根奶酪挞 (Quiche)，你甚至可以用来做澳大利亚著名的肉馅派 (Meat Pie)。

搓！搓！搓！搓出基础酥皮

SHORTCRUST PASTRY

基础酥皮（4 人份）配料

低筋面粉 155g	细砂糖 10g
黄油 75g	鸡蛋 1 枚
食盐 一小撮	香草精华 几滴

基础酥皮（4 人份）做法

1. 烤箱预热至 175℃，把低筋面粉、细砂糖、食盐一起筛入搅拌盆中。

2. 将冷藏的黄油切成小块，放入面粉中，用双手不断地将黄油和面粉搓匀，直到呈现沙状的质地。

3. 用勺子将鸡蛋和水搅拌均匀，加入几滴香草精华。

4. 在 2 中的面粉上用拳头按出小坑，将鸡蛋水倒入 2，然后用刮板以“切拌”的手法将液体和面粉逐渐混合成一个面团。

5. 将面团用刮板移出搅拌盆，放在操作台上，轻揉几下，将面团置于两张烘焙纸之间，用擀面杖前后擀至厚度 3mm 左右的均匀薄片。放入冰箱冷藏室冷藏至少 15 分钟。

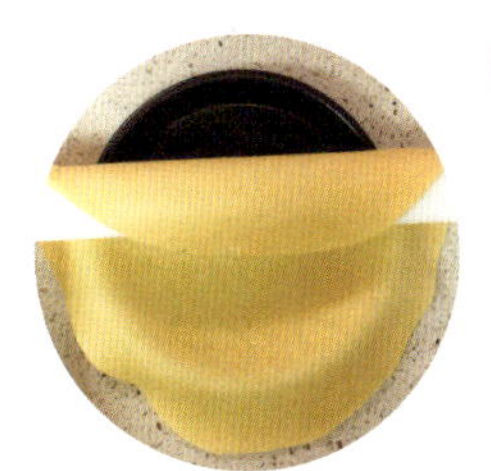

6. 取出面皮，室温回温至柔软，用擀面杖将面皮移至模具上方，覆盖在派盘上。

7. 右手托住面皮外沿轻轻向中心推，左手将派皮压向派盘底部。

8. 用锋利的小刀沿派盘的边缘轻轻将多余面皮切下，用叉子在派底扎孔，再放入冰箱冷藏 5 分钟。

9. 将烘焙纸揉软，置于面皮上，放一些豆子或小石子在烘焙纸上方，与派盘边缘同高。

10. 将派盘置于烤盘上，放入烤箱，以 175℃烘烤 25 分钟。将派盘取出，移除烘焙纸和豆子后，重新把烤盘放入烤箱再烤 10 分钟，直至派皮表面呈现漂亮的金黄色，出炉，在烤架上放凉，轻松脱模。

那些 chef 教我的秘笈：

1. 步骤 2 中提到了我在蓝带厨艺学院学到的第一种烘焙中专业的手法，就是“The Rubbing-in Method”，是指用双手手指将黄油“搓”到面粉里，使面粉呈现沙粒的状态。这种手法不仅能够均匀地混合油脂和粉状物，还能在烘烤的过程中使饼身变得更加“酥”，制作派皮、司康、饼干和部分种类的面包时都会用到这种手法。

2. 步骤 4 中，用塑料刮板将液体和粉状物用“切”的方法混合，而不是用中式面点制作中“揉面”的方法。这种方法能够避免面粉中面筋的形成，制作的派底会很酥，反之成品后会很硬。

3. 面团做好后一定要冷藏再放入模具中，否则烤出的派底会“回缩”。

4. 面团底部扎小孔和用烘焙豆压在派底，可以避免底部膨胀起泡，派底不平整。

将基础元素组合创意，做出焦糖香蕉派

CARAMEL BANANA PIE

法式甜点的奇妙之处来自各种基础元素的排列组合，只要学会几种简单的基础酥皮、蛋糕底和奶油馅、糖浆及淋面的做法，就可以利用你的巧心思，做出许多不同味道、貌美的甜点。焦糖香蕉派，就是用到前篇学到的基础派皮、海盐焦糖酱、香缇奶油，加上用朗姆酒浸泡过的香蕉，做成的美味点心。

焦糖香蕉派（4 人份）配料

烤好的 7 寸 Shortcrust pastry 派底 1 个
海盐焦糖酱（详见 P50） 1 份
较熟香蕉 2 根
朗姆酒 100ml
鲜奶油 100ml
香草精华 2 滴
糖霜 20g

焦糖香蕉派（4 人份）做法

1. 香蕉去皮，放入密封袋中，用朗姆酒浸泡 1 小时左右。

2. 在烤好放凉的派底涂抹一层焦糖酱，填入切成厚片的酒渍香蕉，用焦糖酱填满缝隙，另留少量焦糖酱备用。

3. 鲜奶油用打蛋器打发至弯钩状，加入香草精华和糖霜继续搅打至直钩状态。选一个喜欢的裱花嘴，装入裱花袋，在派的表面挤满奶油。剩余的焦糖酱装入裱花袋，剪小口，在奶油上淋少量焦糖酱来装饰香蕉派。

这款蛋糕是我在蓝带厨艺学院学到的第一个“蛋糕”，黄油、鸡蛋的香气，擦柠檬皮时散发出的清香，搭配柠檬汁的微酸，再加上朗姆酒带来的酒香，是到目前为止我自己最喜欢的口味。磅蛋糕口感扎实，质地湿润，常温下也能保存，非常适合做杯子蛋糕的基底，也被用来制作覆盖翻糖的婚礼蛋糕。在蓝莓丰收的季节，我喜欢在做好柠檬面糊之后，撒一把熟透的蓝莓，均匀地搅拌入面糊中，蛋糕在烤箱中慢慢膨胀，蓝莓在柠檬黄的蛋糕内部爆出酸甜的亮紫色浆汁，出炉晾凉后切片，美得像一幅画。

第一次做出最爱吃的蛋糕：柠檬磅蛋糕

LEMON RUM POUND CAKE

柠檬磅蛋糕（4人份）配料

蛋糕

黄油 110g+20g（液态）
白砂糖 160g
鸡蛋 100g
柠檬皮屑 1 个
低筋面粉 180g
泡打粉 2.5g
牛奶 85ml
朗姆酒 5ml

柠檬糖霜

糖霜 100g
柠檬汁 2 个

柠檬磅蛋糕（4人份）做法

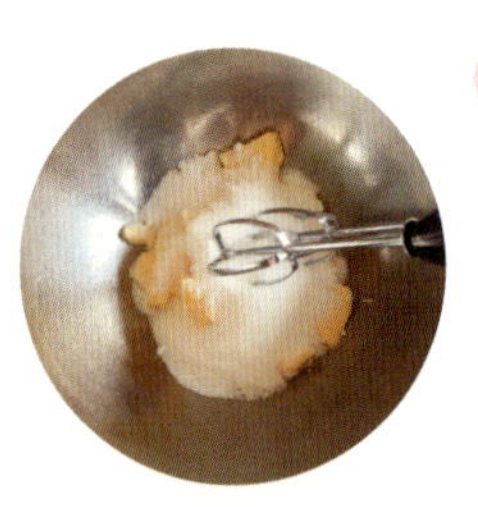

1. 烤箱预热至 170℃。将黄油在室温下软化，加入白砂糖，用打蛋器打发，直到混合物颜色变浅，体积稍稍增大。

2. 将柠檬用工具刮出柠檬皮屑，放入 1。

3. 用叉子将鸡蛋搅拌均匀，分3～5次倒入黄油混合物中。每次倒入后，用电动打蛋器打匀至没有液体，再加第二次，直至完全混合。

4. 低筋面粉和泡打粉过筛两遍，加入3中，用刮刀轻轻地从底部向上翻拌均匀。

5. 分3次加入常温牛奶和朗姆酒，继续翻拌至面糊能从刮刀上连续飘落。

6. 将面糊倒入防粘模具1/2的高度（或是裁剪烘焙纸，放入铁质模具），在操作台上轻摔两次，震出大气泡。用茶匙背面在面糊表面轻划出印记，倒入4茶匙液态黄油，送入烤箱，烘烤45分钟，直到蛋糕表面金黄，将蛋糕取出，置于烤架上。

7. 2个柠檬榨汁，与糖霜充分混合，趁热用刷子涂在柠檬蛋糕的表面，重复几次。

那些chef教我的秘笈：

1. 判断蛋糕是否烤熟的方法：将小刀插入蛋糕内部，拔出时如果刀刃上没有粘任何蛋糕糊，就说明已经烤制完成，马上出炉。

2. 柠檬磅蛋糕做好后趁热吃格外美味，尤其是配上一杯红茶。吃不完的密封保存，第二天风味会更加浓郁，蛋糕体也会更加绵软。

3. 因为磅蛋糕很结实，不娇气，可以常温保存，也不容易变干变硬，是制作翻糖蛋糕的首选蛋糕底。

开启法国人童年记忆的钥匙：蜂蜜树莓玛德琳

HONEY RASPBERRY MADELEINES

玛德琳，这种看着不起眼的贝壳形小蛋糕，到底是哪位糕点师最先创造出它，一百多年来一直争论不休。但毫无疑问它是最能代表法国的甜点，正如法国文学家 Marcel Proust 在其著名的小说《追忆似水年华》中提到的，玛德琳蛋糕让无数法国人回忆起自己的童年。传统的玛德琳是用鸡蛋、白砂糖、黄油、牛奶、面粉、泡打粉做成面糊，填入贝壳状的铁质模具进行烘烤，加入柠檬丝带来丰富的层次和味道。热爱玛德琳的烘焙师们将喜欢的食材加入玛德琳，创造出千变万化的味道，比如咖啡玛德琳、巧克力玛德琳、红茶 / 抹茶玛德琳、椰子玛德琳、薰衣草玛德琳……我们今天来做一款蜂蜜树莓玛德琳，在经典的玛德琳配方中加入树莓鲜果，学会之后你也可以做出属于自己的玛德琳。

蜂蜜树莓玛德琳（4 人份）配料 / 做法

鸡蛋 100g	牛奶 10ml	黄油 90g
白砂糖 80g	泡打粉 2.5g	柠檬屑（1 个柠檬）
蜂蜜 10g	低筋面粉 100g	新鲜树莓 1 盒

1. 预热烤箱至 190℃。将黄油加入牛奶，放入烤箱融化后取出，晾凉至不烫手。

2. 将融化的黄油（份量外）用刷子薄薄地刷在玛德琳模具上，放入冰箱冷藏 10 分钟后取出。筛入面粉，轻轻振动模具，使面粉均匀覆盖在模具上，倒置并轻轻叩打，除去多余面粉。

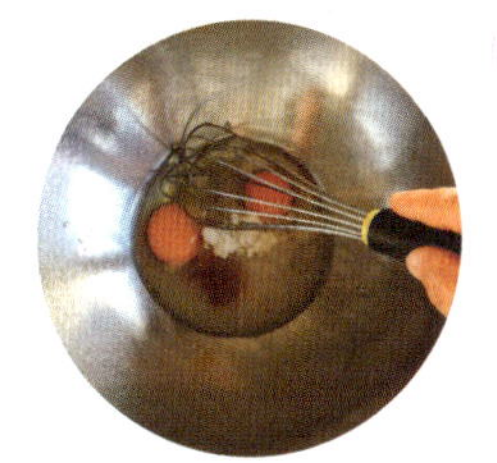

3. 将白砂糖、蜂蜜、鸡蛋用打蛋器搅打至混合物颜色变浅。

4. 将低筋面粉、泡打粉过筛。

5. 柠檬擦出皮屑。

6. 将柠檬屑和步骤 4 中的粉类以及步骤 1 中温热的黄油液加入步骤 3 中的鸡蛋混合物，用手动打蛋器轻轻搅拌均匀。

7. 倒入小一些的容器中，覆盖保鲜膜放入冰箱冷藏 15 分钟左右。

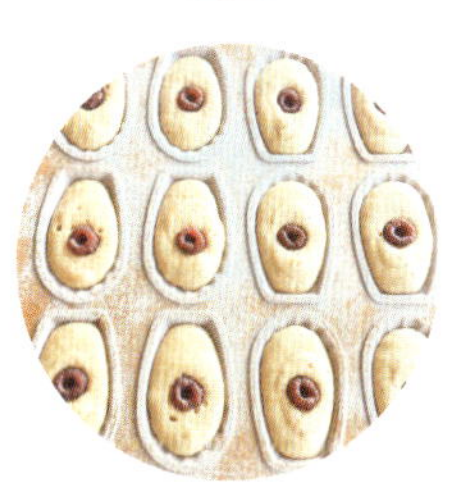

8. 将圆形裱花嘴装入裱花袋，倒入冷却后的玛德琳面糊，挤在模具上，边缘留出约 1cm 空隙。将树莓放在面糊中央，轻轻向下压。送入冰箱冷藏 15 分钟左右。

9. 送入 190℃烤箱，烤 8 ~ 10 分钟，直至表面呈现漂亮的金黄色。取出晾凉几分钟后，倾斜模具，轻叩模具底部，一个个漂亮的小蛋糕就自己跳出来了。

Lilian 的私享 Tips:

1. 一次烤不完的玛德琳面糊可以密封放入冰箱冷藏，最多保存 2 天。

2. 不要错过刚出炉的玛德琳，趁着最外侧一圈还是又焦又脆的，一口咬下去，黄油的奶香、柠檬的清爽还有酸甜多汁的树莓，味道无比曼妙。

凭借对烘焙的爱，手工制作草莓海绵奶油蛋糕

STRAWBERRY SPONGE CREAM CAKE

海绵蛋糕是很多欧洲国家的家庭甜点，据说英国的维多利亚女王在吃下午茶的时候，喜欢在两块海绵蛋糕之间抹上厚厚的酸甜树莓酱，然后涂上打发的 Double Cream 来吃，于是人们用女王的名字命名这款蛋糕 "Victoria Cake"，它也成为英式下午茶的标志性甜点。

做磅蛋糕的时候，我们加入泡打粉，通过化学反应轻轻松松地做出松软的蛋糕；而海绵蛋糕则需要通过加热蛋液，同时以持续快速搅打的方法，产生大量的气泡使蛋糕变得松软。在蓝带厨艺学院的初级班中，我们需要用手动打蛋器徒手打发全蛋来制作海绵蛋糕。为了让蛋液受热均匀，必须一刻不停快速地搅打，一分钟的时候胳膊已经开始酸痛，只能换左手继续，教室里的哀叹声此起彼伏，连壮硕的澳大利亚女孩和巴西男生也连连叫苦，Chef Matthew 看到我脸上生无可恋的表情，攥紧了双拳举到自己眼前，大声对我说："Passion! Passion! 别忘了你对烘焙的爱！"全班被他逗笑，2 小时后，我人生中第一个树莓果酱海绵蛋糕出炉。毕业后我做过数不清多少个海绵蛋糕，也向日本蛋糕师傅请教学习，做出了比法式海绵蛋糕更细腻的日式海绵蛋糕。每每做蛋糕到深夜，累到极限的时候总能记起 Chef Matthew 充满喜感的脸和他的鼓励。

▲
我和操作课的好搭档 Joanna

草莓海绵奶油蛋糕（6 人份）配料 / 做法

海绵蛋糕

鸡蛋 2 枚
蛋黄 2 枚
白砂糖 70g
低筋面粉 75g
香草精华 5 滴左右

外交官奶油

牛奶 250ml
香草荚 1 根
蛋黄 2 枚
白砂糖 60g
低筋面粉 10g
玉米淀粉 10g
吉利丁 1 片
朗姆酒 5g
鲜奶油 250ml

夹层及装饰

草莓 约 600g
粉色杏仁膏 1 块
开心果 少许
玉米淀粉 少许

海绵蛋糕做法

1. 烤箱预热至 170℃。准备一个 7 寸蛋糕活底模，内壁涂一层薄薄的黄油。

2. 裁剪烘焙纸放入模具四周和底部。

3. 平底锅装一半水，垫一块布或纸巾，中火加热。将白砂糖、鸡蛋、蛋黄、香草精华混合，打发至起泡后，将打发盆移至热水锅中，持续打发。

4. 混合物逐渐变得浓稠，用指尖浸入测试温度，当混合物温度略高于手指温度时，移出热水锅继续打发，直到提起打蛋器时，滴落的混合物能在表面画 8 字并且 5 秒钟内不消失时（此状态被称为 "Ribbon Stage"），打发完成。

5. 将面粉过筛，分三次倒入混合物中，用刮刀以翻拌的手法轻柔而快速地将面粉与蛋液混合。前两次大致搅拌均匀即可，最后一次需搅拌至完全看不到面粉为止。

6. 将面糊倒入模具，约 2/3 满，轻轻摇晃，并从低处轻摔在操作台面上以震出气泡，然后马上送入预热好的烤箱。

7. 以 170℃烤制 15 分钟左右，直到蛋糕表面呈现金黄色，用小刀插入并抽出时刀刃无糊状物即可。从烤箱取出，倒扣在烤架上直至完全变凉，脱模，备用。

外交官奶油做法

1. 先制作一份卡仕达酱 (Pastry Cream)：将吉利丁片浸泡在冰水中。

2. 将 30g 白砂糖加入蛋黄中，立即用打蛋器快速搅打至白砂糖融化，蛋黄体积略增大，颜色变浅。

3. 低筋面粉和玉米淀粉过筛，加入蛋黄中，用手动打蛋器轻轻搅拌均匀。

4. 牛奶倒入锅中，加入 30g 白砂糖；将香草籽从香草荚中取出，加入牛奶，小火加热直至边缘开始沸腾。

5. 将 1/2 热牛奶缓慢倒入 3 中，边倒边用手动打蛋器搅拌，使混合均匀。

6. 将 5 中的蛋奶混合物倒回牛奶锅，继续中小火加热并不停地搅拌，防止结块。

7. 随着水分的蒸发，混合物变得浓稠，将火调小并更加快速地搅拌，直到底部持续冒出气泡，尝一下混合物没有生面粉的味道，立即关火。

8. 取出泡软的吉利丁片，用手挤出多余的水分，趁热放入卡仕达酱中，搅拌均匀。加入朗姆酒，稍稍搅拌后，贴着卡仕达酱覆盖保鲜膜，放凉至室温。

9. 冰浴法打发鲜奶油至弯钩状，分 3 次拌入冷却后的卡仕达酱中，装入有圆形裱花嘴的裱花袋，备用。

组装

1. 海绵蛋糕切片，每片约1.5 ~ 2cm厚，取两片，一片做底，一片用6寸慕斯圈切小，或用剪刀剪去边缘。

2. 草莓洗净，擦干，去蒂，处理成相似的高度，然后对切。

3. 7寸慕斯圈下垫蛋糕底托，先将大的蛋糕片放入慕斯圈底部，草莓切面贴慕斯圈内壁围成一圈。

4. 用外交官奶油填满草莓间的空隙。

5. 用刮刀向慕斯圈方向轻压，抹平奶油。

6. 挤一圈奶油在海绵蛋糕上，另取一些草莓切成小块撒在奶油上，轻压。

7. 覆盖一层奶油，放入小的那片海绵蛋糕，最后用奶油填满，并用刮刀刮去多余的奶油，送入冰箱冷藏3小时以上。

8. 从冰箱取出，用吹风机热风档位均匀加热慕斯圈外壁，用双手轻轻脱出慕斯圈。

9. 在不粘垫上撒少许玉米淀粉，将粉色杏仁膏用擀面杖擀成厚度约3mm的薄片。用7寸慕斯圈压出圆形。

10. 将杏仁膏放置在蛋糕表面，用草莓、开心果装饰。

那些 chef 教我的秘笈：

1. 做海绵蛋糕的时候，加入少许香草精华能够去掉鸡蛋的腥味，做出的蛋糕有淡淡的香草味道。

2. 吉利丁片一定要放入冰水中泡软，室温的水会融化吉利丁，导致整体吉利丁的量减少。

3. 在蓝带厨艺学院，脱慕斯圈的时候我们用喷枪加热外壁，后来自己做多了，发现用吹风机的热风功能是个好办法，但一定只加热慕斯圈就好了，不要对着蛋糕表面吹。

4. 如果海绵蛋糕烤得久了有点干，用 1:1 的白砂糖和水煮沸，制成简单糖浆，加入喜欢口味的利口酒，用刷子刷在海绵蛋糕上，可以增加蛋糕的湿润度。

温柔地搅拌：
丝滑甘那许

GANACHE

甘那许 Ganache 的名字来源于法语，简单地说是一种巧克力酱，和之前提到的 Pastry Cream 一样，Ganache 在蓝带厨艺学院课堂上出现的次数多得数不清，它在法式烘焙中的地位让我必须把它写进这本书。制作甘那许的原料非常简单，通常只有两样：奶油和巧克力，把它们各自加热，融在一起，按照不同的比例可以做成甜品的抹酱、蛋糕和马卡龙的夹心、光亮的淋面、巧克力的夹心，甚至做成冰淇淋和慕斯。增加巧克力的比例，加入少量葡萄糖浆，可以做成生巧克力。制作方法看似简单，但同样的材料，制作的细节不同，做出的 Ganache 千差万别，Chef 说，重点呢，就是要温柔。

丝滑甘那许（一份）配料

鲜奶油 100g
黑巧克力 100g
室温黄油 30g

丝滑甘那许（一份）做法

1. 黑巧克力隔水加热至融化。

2. 奶油隔水加热，用刮刀搅拌以防止结块，加热至 70℃左右。

3. 将奶油倒入融化的巧克力，用刮刀从中间划小圈，慢慢地你会看到巧克力逐渐浮到奶油表面，此时用刮刀轻轻划大圈，将巧克力和奶油混合均匀。

4. 将切成小块的室温黄油加入，仍然温柔地用刮刀划圈，搅拌均匀，晾凉即可使用。可以加入朗姆酒、香草、香橙或苦杏仁、玫瑰水，就得到不同味道的甘那许。

那些 chef 教我的秘笈：

1. 甘那许按照不同的用途，配方中巧克力和奶油的比例不同，可用于制作蛋糕夹心、淋面等。

2. 奶油不要加热过度，否则会产生结块，影响口感。

3. 记住一定要耐心温柔地搅拌，如果搅拌过快，不仅会产生大量的气泡，制作出来的甘那许口感也就不那么丝滑。

4. 将甘那许密封放入冰箱冷藏室可保存 3 ~ 5 天，冷冻保存时间更长，使用时解冻到室温，隔水加热轻轻搅拌均匀即可。

手指饼是我儿时最爱吃的饼干，浓浓的鸡蛋味道和一口咬下去脆脆的饼身，总是让我一块接一块吃个不停。它起源于15世纪晚期的意大利，在法国蓝带厨艺学院的课本中，出现的是它的法语名biscuits à la cuillère。用鸡蛋、白砂糖和面粉制作的很简单的手指饼干，用途却非常广泛：入炉烘烤前在表面撒一些花生或杏仁碎就是好吃的坚果饼干；因为饼身香脆能吸收大量糖浆，它被意大利甜品师用在制作提拉米苏中；手指饼也是英国传统甜品Trifle中不可缺少的一部分，被一层层地平铺在奶油和水果之间；法国人用它制作浆果或巧克力夏洛特，烤好的手指饼被修整成同样的高度，围在慕斯的周围，并用美丽的缎带缠绕；一些咖啡馆会用它当作配咖啡的小饼干；降低甜度做成的手指饼，可以作为婴儿用来磨牙的小饼干。

儿时最爱的饼干：手指饼

LADYFINGERS

手指饼（6人份）配料

蛋黄 60g
白砂糖 80g
蛋白 90g
低筋面粉 90g
糖霜 20g（可选）

手指饼（6人份）做法

1. 将烤箱预热至175℃。在烤盘上放置烤垫或烘焙专用纸，用固定长度（8cm左右）的硬纸板蘸少量面粉在烤垫或烘焙纸上作出记号。

2. 取20g白砂糖加入蛋黄，马上用打蛋器快速打发至白砂糖全部融化，蛋黄体积变大，颜色变浅。

3. 将其余 60g 白砂糖分 3 次加入蛋白中，用打蛋器快速打发至硬性发泡，提起打蛋器，蛋白呈现直立的尖钩状态。

4. 分 3 次将蛋白霜与蛋黄霜混合，轻轻地从底部翻起，搅拌均匀。不要划圈搅拌，以防止消泡。

5. 分 3 次将面粉筛入 4 中，同样采用翻拌的方式，用刮刀从 3 点钟的方向从盆底部翻起面粉和蛋白霜，从 9 点钟的方向将面粉折压入蛋白霜，重复 2 次，再从 12 点的方向划直线到 6 点钟的方向，以此类推，用这种方法来搅拌，以避免消泡。

6. 取直径约 1cm 的圆形裱花嘴放入裱花袋，将 5 中的面糊装入裱花袋，沿着之前面粉画的直线，均匀地把面糊挤在烤盘上，轻轻地筛上一些糖霜。

7. 制作慕斯蛋糕时，用裱花嘴在烘焙垫上旋转挤出圆形片状，烤熟后放在慕斯蛋糕的底部，吸收慕斯中的水分后，会变成柔软的海绵蛋糕。

8. 将烤盘放置在烤箱中层，烘烤大约 15 分钟，待手指饼表面呈现漂亮的金黄色，即可出炉，放凉后从烤盘上取下。

那些 chef 教我的秘笈：

1. 用面粉在烤盘上作标记是蓝带厨艺学院的 Chef Nicolas 教我们的小妙招，尤其是要用手指饼在蛋糕外部围成一圈的时候，个头一般高的手指饼就格外讨人喜欢。

2. 步骤 6 中，将面糊在烤盘上挤出形状后，可以薄薄地筛上一层糖霜。烤制的过程中，糖霜会在饼干表面形成像蕾丝一样漂亮的糖霜层。

3. 暂时不用的手指饼，请用密封盒保存，维持松脆的口感，以避免受潮。

又爱又恨吉利丁，美味的粉红色莓果夏洛特

PINK BERRY CHARLOTTE

在还没有去蓝带厨艺学院学习之前，我和很多人一样不喜欢慕斯，那时候虽然还不知道慕斯是怎么做出来的，但总觉得里面似乎加了凝胶一样的添加剂，吃起来非常"Rubbery"，后来才知道那是因为里面加了过量的吉利丁，或是过度搅拌使奶油消泡导致的。吉利丁 (Gelatine)

也叫鱼胶或明胶，法式甜品中的果冻 (Jelly)、棉花糖、慕斯、水果糖都离不开吉利丁的帮忙，也有一些冰淇淋中会加入吉利丁来防止冰晶聚集。市售的吉利丁大部分是从猪皮中提取的，我们班的三位印度同学，无论是 Chef 在示范课上做的甜品还是她们自己的作品，只要是含有吉利丁的，一口都没吃过。

市面上常见的是吉利丁粉和吉利丁片，使用之前都需要在冷水中泡发，然后加入热的原料中。成功的慕斯吃起来是能融化在口中的，吉利丁的量要掌握好其实很难，放多了，口感会非常 "Rubbery"，感觉就像在吃胶皮；而放少了又会因为凝结力不够，造成蛋糕的塌陷。蓝带厨艺学院毕业的操作考试就是做一款慕斯蛋糕，模拟考时在我旁边操作台的女孩就因为脱模后慕斯塌陷而控制不住崩溃地大哭，而为了迅速凝固而多放了吉利丁的同学也会因为口感不好而被 Chef 扣分 。

▲
夏天美丽的浆果是夏洛特最美的装饰

▲
我的毕业考试作品——
为老公设计的白巧克力开心果杏子慕斯

粉红色莓果夏洛特（6 人份）配料

树莓果茸 350g
白砂糖 45g+50g
水 25ml
吉利丁 4 片
一大一小两片手指饼圆片和一份手指饼（详见 P74 手指饼）
草莓、树莓、蓝莓 各一盒
7 寸慕斯圈 1 个

粉红色莓果夏洛特（6 人份）做法

1. 将白砂糖 45g 和水 25ml 混合并煮开，制成简单糖浆。

2. 将吉利丁片在冰水中泡软，用手挤出多余水分备用。

3. 将糖浆和树莓果茸混合一起在小锅中加热至边缘开始沸腾，关火，放入吉利丁，搅匀，放凉备用。

4. 在鲜奶油中加入 50g 白砂糖，用打蛋器打发至弯钩状态。

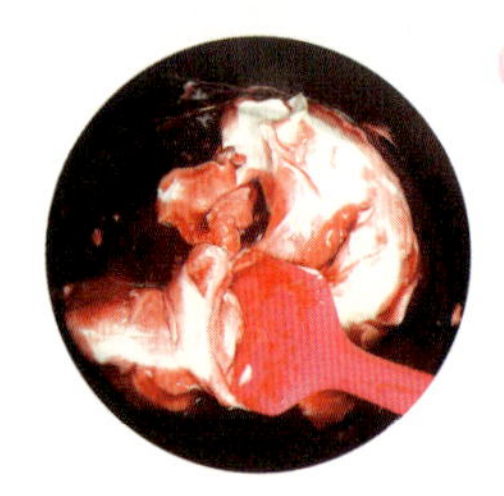

5. 取 1/3 奶油与树莓果茸混合均匀。

6. 将 5 倒入剩余的打发奶油中，用刮刀轻柔地翻拌均匀。

7. 用保鲜膜包住慕斯圈的下部。

8. 放一片提前做好的手指饼圆片。

9. 把纸托置于慕斯圈下方，用汤勺将树莓慕斯倒入慕斯圈内至1/2高度，用汤勺轻轻划圈，使慕斯填满蛋糕和慕斯圈之间的空隙。

10. 放入较小的手指饼圆片，再用树莓慕斯将慕斯圈填满。用抹刀从中间向四周，抹去多余的慕斯后，放入冰箱冷藏5小时以上。

11. 用吹风机热风档沿慕斯圈外部加热，直到能够顺利将慕斯模具取下。

12. 将手指饼逐个贴在慕斯的外圈，以丝带固定，并用水果装饰。

那些chef教我的秘笈：

1. 步骤2中，吉利丁要一片一片放入冰水中泡软，尤其是在炎热的夏季，室温的水会融化吉利丁，导致整体吉利丁的量不够，慕斯凝固受到影响。

2. 步骤4中的奶油打发到弯钩状态即可，如果不小心打发到直钩状态，会难以与果茸混合，导致消泡；果茸必须晾凉至室温，否则会使奶油融化；混合果茸和奶油时不要过度搅拌，否则奶油消泡过度，慕斯也会有胶质的口感。

3. 如果室内温度比较高，打发奶油时最好将容器放在冰水混合物中进行。

4. 慕斯做好后必须冷藏足够的时间才能凝固，过早脱模会造成慕斯塌陷。

5. 手指饼和慕斯接触后会慢慢吸收慕斯中的水分，变成柔软的海绵蛋糕。

6. 因为吉利丁的特质，慕斯蛋糕需要冷藏保存。

蓝带厨艺学院的面包课之一：
快手爱尔兰苏打面包

SODA BREAD

说实话，我学面包的热情远远不如甜点，不喜欢教室里十几台 KitchenAid 厨师机集体高速旋转的噪音，也不喜欢揉面团时双手沾满黏黏的面。但每次上面包课时看着一个一个小面团在发酵箱中慢慢变大，闻到刚出炉的金黄色面包飘散出天然的麦香，下课回家抱着满满一袋够吃半个月的面包，心情也就无限地好起来。

世界上最古老的面包，早在石器时代就出现了，远古的人类用石头将麦子碾碎，做成面团，用火在石头上烤出又重又硬的面包，随着现代农业和工业的发展，面粉加工变得精细，面包的制作工艺也更加成熟。虽然人们已经习惯了在超市和面包店买现成的面包，但也有很多人享受在家里制作面包的过程，相比工业化机器生产出来的面包，有“家”的味道的面包更健康，吃起来也更美味。

这款爱尔兰传统苏打面包，是我学到的第一款面包，也是我最喜欢的面包之一。不用揉面揉到胳膊酸，用烘焙小苏打代替酵母，不用等待漫长的发酵过程，原料中的牛奶和Buttermilk(白脱牛奶)带给面包浓郁的乳香味道，直接吃就觉得很美味。古老的爱尔兰苏打面包的原料只有四种：面包粉、小苏打，盐和白脱牛奶。其实也可以加入一些核桃、黑葡萄干什么的，随你喜欢。

国内很难买到Buttermilk，我们可以用原味酸奶代替它。

▲
一节面包课的收获

快手爱尔兰苏打面包（2人份）配料

面包粉 250g	白砂糖 20g
全麦面包粉 250g	原味酸奶 250g
烘焙用小苏打 10g	牛奶 75ml
塔塔粉 10g	核桃仁 50g
盐 5g	生燕麦 10g
黄油 30g	

快手爱尔兰苏打面包（2人份）做法

1. 将烤箱预热至180℃。将面包粉、全麦粉、塔塔粉、小苏打、盐一起搅匀并过筛，加入白砂糖。

2. 将固态冷藏的无盐黄油切成小块，用Rubbing-in method（油搓粉法详见P58）将黄油和1中的粉类拌匀。

3. 加入核桃仁，并将原味酸奶和牛奶混合，加入 2 中的混合物。

4. 用刮板切拌至均匀无面粉的状态，若太干可加入少许水。

5. 将面团移至操作台，轻揉几下成团后，将面团一分为二。

6. 两个面团各自揉圆，移至垫着烤垫或烘焙纸的烤盘内，用刷子在苏打面包表面刷一层水，然后撒上燕麦，并筛少许面粉在面包表面，用小刀在面包表面划出深约 2cm 的十字，室温放置约 15 分钟。

7. 放入预热至 180℃的烤箱烤制 30 ～ 35 分钟，直至面包表面呈现漂亮的金黄色，取出，在烤架上放凉。

PARIS

蓝带厨艺学院的面包课之二：
德文郡奶油面包变身“网红”奶酪包

CREAM CHEESE BUNS

用酵母发酵的面包中，我最喜欢的就是布理欧修小圆包 (Brioche Buns)，相比普通面包，布理欧修的面团 (Brioche Dough) 增加了糖的份量，还加入了黄油、牛奶和鸡蛋，因而更加松软香甜。非常有名的加了朗姆提子和杏仁奶油的 Chelsea Buns；表面有十字的 Hot Cross Buns；还有我最爱的加入香缇奶油和树莓果酱的 Devonshire Splits 都是用 Bun Dough（小面包面团）做成。当然你还可以做成肉桂卷、巧克力卷，甚至是之前火爆的“网红” 奶油奶酪包。

奶油奶酪包（6 人份）配料

小面包面团

面包粉 250g
高活性干酵母 5g
黄油 60g
白砂糖 35g
牛奶 120ml
鸡蛋 50g
盐 一小撮

糖霜

水 25ml
白砂糖 20g

奶酪霜

奶油奶酪 200g
鲜奶油 100g
糖粉 50g
香草精华 5 滴
奶粉 20g

奶油奶酪包（6 人份）做法

1. 将烤箱预热至 180℃，将面包粉筛入料理盆中。

2. 将牛奶用小火加热至手指触碰感觉微温，加入干酵母搅拌均匀备用。

3. 将鸡蛋、白砂糖、盐放入厨师机中，用手动打蛋器轻轻搅拌均匀。加入酵母牛奶和过筛的面粉，先低速搅拌避免面粉飞扬，搅拌至液体全部被吸收，面团成形，然后调至高速继续搅拌直至面团变得光滑，充满弹性。

4. 取出一块面团，双手向两边拉伸，如果面团呈现薄膜状，面团能透出光亮，说明面团的延展性达到要求。厨师机调至中速继续搅打面团，并逐块加入室温软化的黄油，直到混合均匀。

5. 将面团移至操作台，双手轻揉成光滑的圆形，移至一个干净的盆中，覆盖保鲜膜，在温暖的室内或发酵箱内发酵至两倍大。

6. 将面团移至工作台，双手轻揉面团，折叠，再轻揉几次，释放出面团中的气体。

7. 将面团分成每个 45 ~ 50g 的小面团，逐个揉圆，用保鲜膜覆盖，让面团放松 2 分钟。

8. 再次将面团揉圆，直接放在烤盘上，并留出至少 1.5 个面团的间距，送入低于 40℃的发酵箱进行二次发酵。

9. 等待发酵的时间来煮糖浆：将水和白砂糖一起放入小锅加热至沸腾即可。

10. 当小面团再次膨胀成之前的两倍大，发酵完成，送入烤箱，以 180 ℃烘烤 15 ~ 20 分钟，直到小面包表面呈现均匀的金黄色。从烤箱取出后，立即用刷子在面包表面刷糖浆，稍干一下，然后再刷一遍。

11. 奶油奶酪在室温下软化，搅打顺滑；鲜奶油加入糖粉、香草精华搅打至有明显纹路，加入奶油奶酪搅打至充分混合即可，不要打发过度。

12. 用刀在面包上切十字，切至距离面团底部约 1cm，不要切断。

13. 将奶酪霜装入放有圆形（直径 1cm 左右）裱花嘴的裱花袋，挤入十字切口中。

14. 将奶粉筛在面包上。

那些 Chef 教我的秘笈：

面包最基本的配料只有面粉、水、酵母、糖和盐，但是想要做出好面包却不那么容易。我非常敬重的来自美国的 Chef Javier 在我们的面包课上，从科学家的角度为我们讲解了面包制作的原理：从水温、室温甚至面粉温度讲到不同种类的面包配方中油脂含量和发酵温度的关系，写满整整一页纸各种 XYZ 的计算公式，难度堪比高等数学。很多人在做面包上摔的跟头不比做蛋糕少，这里面也包括我，除了持之以恒地练习，总结经验，了解一些最基本的面包常识能帮你少走很多弯路。

1. 原料准确称量，尤其是酵母的量。

2. 酵母很娇气，不要让酵母直接接触到盐，那样会影响酵母的活性； 配方中的液体不要超过 38℃，否则会使酵母活性变差，甚至“杀死”酵母。

3. 不同种类的面团发酵温度各不相同，要注意的是发酵箱温度不宜过高，低于 40℃比较安全，最高不能超过 60℃。

4. 如果用烤箱代替发酵箱，另用一个烤盘装大量的开水放入烤箱下层，避免面团表面干燥。

5. 第一次发酵后，通过轻揉、折叠面团排出空气的步骤非常重要，不仅能让面包中的气孔更加均匀，还能让面团自身的温度变得均衡，防止面包产生酸的口感。

6. 面包烤好后，不论是切片还是密封保存都要等面包自然晾凉之后进行。

7. 如果一次做了太多吃不完，密封放入冰箱冷冻室可以延长面包保存的时间。

蓝带厨艺学院的奶酪课之一：10 分钟做出农舍奶酪

COTTAGE CHEESE

在蓝带厨艺学院的学习中，最费脑力的是 Chef 的演示课：每次我都要早早起床，第一个到教室门口排队，只为了能坐在教室第一排正中间看得最清楚的位置。伦敦蓝带厨艺学院是全英文授课，大部分 Chef 是法国人，说英语的口音很重，只有坐在第一排才能不错过 Chef 演示中的所有细节。初级课和中级课我们的课本中只有配料和重量，操作方法完全靠上课边看演示边奋笔疾书，把Chef的操作步骤和技巧写下来，所以绝对是烧脑的2个小时。而厨房里操作课忙碌的2个小时又是对体力和速度的考验：2个小时内完成一款甜品，下课打分，每个人都像被按下了快进键一样快速地做着甜点，还要时刻保持自己操作台面的干净整洁，因为卫生这一项也会被打分。在烤炉的高温下，好多次下课后制服都被汗水湿透，所以安排在晚上的各种Lecture就格外受同学们的欢迎，奶酪讲座、巧克力讲座、冰淇淋讲座、酒的讲座……讲座上有的吃，有的学，而且不用操作，不用考试，是我们最期待的课。

印象最深的是Cheese Lecture风趣幽默的客座讲师Tom，他在Warwick郡的一个山羊农场长大，在那里他学会了如何挤奶和制作奶酪。他为英国最大的奶酪供应商工作，为英国众多家米其林餐厅提供奶酪；他到世界各地旅行，帮助当地的奶酪制造商；他是狂热的奶酪迷，更致力于保护规模较小的奶酪制造者，保护传统的奶酪制造技术能够代代相传。每次讲座他都带来满满一大箱来自世界各地的奶酪，讲到哪种就切成小块给每个人品尝。在充满奶酪味道的教室里，我们学到了它的历史、制作工艺，了解到按制作方法、原料、产地、形状的不同，奶酪被分为不同种类。Tom告诉我们摆在超市长长货架上的工业生产的奶酪之外的故事；听到放在深海中浸泡数年而制成的奶酪的故事时的震撼；得知很多传承几代手工奶酪匠人的小规模工坊，因为手工制作的复杂工艺和高成本而逐渐被大的制造商的价格战压榨到几乎没有利润濒临消亡的窘境而担忧；听到幽默风趣的他讲的关于奶酪的笑话而哄堂大笑。在Tom的讲座上，我和同学们配着火腿、面包、橄榄、水果和酒，吃下了比人生前30年总和还多的奶酪。

▲
美味的奶酪课

▲
上课前将各式奶酪切成小块

农舍奶酪（4 人份）配料

全脂鲜牛奶 500ml
柠檬汁 15ml
盐 一小撮
黑胡椒 少许

农舍奶酪（4 人份）做法

1. 牛奶倒入锅中加热至边缘开始沸腾，立即关火，倒入柠檬汁。

2. 稍加搅拌，静置几分钟，能看到牛奶析出很多液体。

3. 在一个稍大的容器上覆盖双层细纱布或棉布，将牛奶倒入。

4. 用绳子将纱布系牢，用一根筷子穿过绳子，将纱布袋吊在容器上，放入冰箱冷藏几小时或隔夜，直到液体全部滤出即成。

那些 chef 教我的秘笈：

奶酪讲座上，Tom 为我们演示了最简单的 Homemade Cheese，只需要牛奶、柠檬汁，在你的厨房里就能做出奶香浓郁的农舍奶酪，不仅能加入沙拉，还能配果酱做成甜品吃。

蓝带厨艺学院的奶酪课之二：派对必备法式烤布里奶酪

FRENCH BAKED BRIE

Cheese Lecture上最受欢迎的要数Brie（布里奶酪），以它的产地法国Brie地区而得名。由牛奶或羊奶做原料发酵制成，通常放在圆形的模具里，白色的充满韧劲的外皮里面是柔软的乳香四溢的奶酪。布里奶酪的味道非常柔和，所以大部分人都会喜欢它的味道，在家里开party的时候，准备一些布里奶酪，切成小小的三角形，和腌渍橄榄、面包条放在一起，可以直接当成佐酒小食；或是放入烤箱烤至流心状态，把西芹、胡萝卜、黄瓜、彩椒切成条蘸着奶酪吃；还有一种我最喜欢的做法，甜味的布里奶酪，非常简单，配香槟或红酒味道一流！

法式烤布里奶酪（2人份）配料

牛乳布里奶酪 1 块
坚果（核桃仁、开心果、松子）适量
干果（树莓干、杏干、无花果干）适量
杏子酱 3 勺

法式烤布里奶酪（2人份）做法

1. 将烤箱预热至 190℃，将烘焙纸放入烤盘中并薄薄地刷上一层融化的黄油或玉米油。

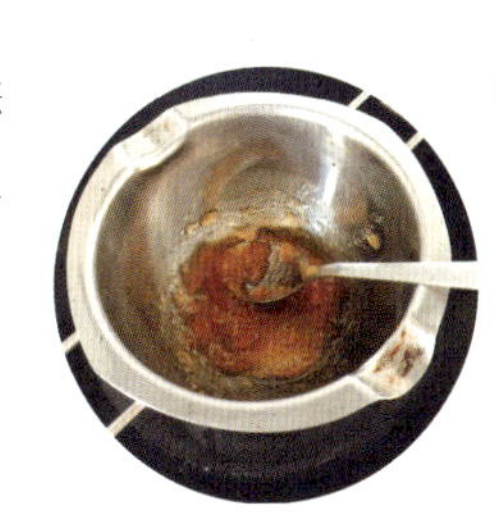

2. 用小锅隔水加热杏子酱，变稀之后离火备用。

3. 将布里奶酪放入烤盘，表面覆盖厚厚一层杏子酱。

4. 将锅内剩余的杏子酱与干果和果干混合均匀，放在布里奶酪上。

5. 放入烤箱以 190℃烤 10 分钟左右，趁热搭配 Crackers（硬质薄脆饼干）吃。

蓝带厨艺学院的奶酪课之三：纽约奶酪蛋糕

NEW YORK STYLE CHEESECAKE

奶油奶酪 (Cream Cheese) 是用牛奶和奶油制成的柔软而温和的新鲜奶酪，也是烘焙中很常见的奶酪。和其他奶酪不同，奶油奶酪不是通过发酵天然熟成的，所以保质期不长，并且必须在冰箱中冷藏保存，冷冻会破坏它的性质，一旦打开包装，尽快使用完毕。

纽约奶酪蛋糕（6 人份）配料

巧克力香酥饼底	奶酪蛋糕	装饰部分
消化饼干 150g	奶油奶酪 500g	鲜奶油 100g
白砂糖 30g	低筋面粉 15g	糖霜 20g
黄油 45g	白砂糖 160g	樱桃 若干
巧克力粉 25g	鲜奶油 100g	黑巧克力 1 块
杏仁粉 25g	柠檬汁 15ml	
	香草精华 5~8 滴	
	鸡蛋 2 枚	

纽约奶酪蛋糕（6 人份）做法

1. 将烤箱预热至 170℃，用少量黄油在模具内涂抹均匀。

2. 将消化饼干打碎，加入白砂糖、融化的黄油、杏仁粉和巧克力粉拌匀。

3. 将饼干碎撒入模具底部并压紧、压平。

4. 如果你用的是活底模，用锡纸包裹模具，放入烤箱，以 170℃烤 10 分钟，取出放凉至室温。

5. 将白砂糖、柠檬汁加入室温软化的奶油奶酪中，用打蛋器打发至顺滑。

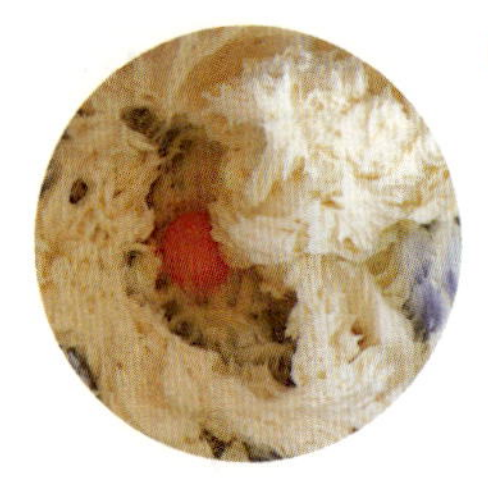

6. 逐一将两枚鸡蛋加入混合物中，搅拌均匀再加入下一枚。

7. 分 3 次将鲜奶油加入混合物中，等到奶油与混合物混合均匀再加入下一部分的奶油，直到全部混合至顺滑。

8. 将低筋面粉筛入混合物，用刮刀轻轻搅拌均匀。

9. 混合物过筛后倒在模具中的饼干底上。

10. 将模具放入烤盘，并将开水倒入烤盘中，至烤盘 1/2 的高度。以 170℃烤 35 分钟，之后降温至 160℃再烤 20 分钟，关火后将奶酪蛋糕继续留在烤箱内 30 分钟。

11. 取出奶酪蛋糕，晾凉至室温后放入冰箱冷藏（最好过夜），之后用小刀沿模具内侧轻划，脱模。奶油加糖霜打发，用刮刀涂在奶酪蛋糕顶部，用樱桃装饰，用刮板刮出巧克力碎屑，撒在表面。

蓝带厨艺学院的巧克力课之一：黑巧克力调温

TEMPERING CHOCOLATE

小时候最盼望的事就是妈妈带我去买巧克力，每次爸爸出国、出差回来的时候我也总是迫不及待地打开他的行李箱翻找巧克力，也曾经因为一次吃掉好大一整块巧克力而被妈妈骂。

蓝带厨艺学院的巧克力课贯穿初级、中级、高级的全部课程，我们从巧克力调温学起，接着做巧克力装饰。先不提大量用到巧克力的蛋糕，光是各种松露巧克力、杯子巧克力、果仁巧克力、入模巧克力，都是每次下课装了满满一大盒带回家，自己实在吃不完，就送给在伦敦的朋友吃、室友吃，连公寓门房的大爷，家附近菜店熟识的店员都开心地收到了我做的巧克力。再加上理论课、巧克力讲座、品尝课和 Chef 的演示课上吃到的巧克力，真的是吃到麻木，以至于在中级班做巧克力转印绘画和高级班做巧克力摆件的时候，我已经一点也不想吃巧克力了。离开伦敦的时候，更是冷血地扔掉了为了毕业考试练习做的巧克力摆件。

我们常见的巧克力有黑巧克力、牛奶巧克力和白巧克力，黑巧克力由可可脂 (Cocoa Butter)、可可 (Cocoa) 和糖组成；在黑巧克力中加入一定比例的牛奶就是牛奶巧克力；而很多人迷恋的白巧克力其实不是真正意义上的巧克力，因为它完全不含可可，只是由可可脂、牛奶和糖调和而成的。买巧克力的时候要注意，不要购买含有“代可可脂”的任何巧克力产品，可可脂是从可可豆中提取的天然油脂，是它带给巧克力光泽和入口即化的丝滑口感；而代可可脂是一种人工合成的，含有反式脂肪酸，会给人体带来伤害的油脂，因为价格相比天然可可脂低很多，而且不需要调温，也不易融化，所以被很多加工商用在巧克力和甜品制作中。

含有天然可可油的优质巧克力必须经过调温，才能释放出丝滑的口感和美丽的光泽。经常看到一些烘焙教程中直接把巧克力隔水加热融化然后冷却塑形，虽然最后同样会凝固，但是未经调温的巧克力凝固的速度慢，温度稍高就会变软，没有巧克力应有的迷人光泽，时常出现不均匀的白霜状结晶，口感自然也不是最佳。学会巧克力调温，然后发挥你的创意，就能做出属于自己的独一无二的巧克力。

▲
每节课都做出海量巧克力

▲
在蓝带厨艺学院做的巧克力摆件

黑巧克力调温方法

1. 将黑巧克力200g切成小块或直接用水滴状的烘焙专用黑巧克力，放入无水且干净的圆底盆中。隔水小火加热，使巧克力缓慢融化，用刮刀不断搅拌至45℃（如果没有巧克力专用温度计，用手指背面测试，有略烫的感觉就可以了）。

2. 将圆底盆放置于冰水混合物中（我是把冷冻的冰袋放在水盆中），不停地用刮刀从底部转圈搅拌约5秒钟。移出冰水混合物继续搅拌至盆底恢复常温，再移至冰水混合物中并持续搅拌，反复几次直到巧克力降温至27℃（如果没有巧克力专用温度计，用眼睛观察，看到巧克力逐渐失去流动性和光泽就可以了）。

3. 再将打发盆放回到热水中几秒钟，持续搅拌至巧克力温度回升至32℃，立即移出热水（如果没有巧克力专用温度计，看到巧克力恢复光泽，提起刮刀，巧克力能够呈直线流下即可）。

4. 巧克力凝固测试：检验巧克力调温是否成功的方法，用刮刀将巧克力淋在小刀或抹刀上，常温下如果能够迅速凝固成光亮结实的巧克力，调温完成。如果凝固的时间过长，或是即使凝固了用手触碰巧克力也会变形，说明调温失败，要重复1～4的步骤，重新调温。

蓝带厨艺学院的巧克力课之二：海盐果仁巧克力四色钵

SEA SALT MENDIANT

MENDIANT 是一种传统的法国甜点，在巧克力盘上面，用 4 种颜色的坚果和果干，代表了古代的 4 种修道士。在圣诞节的甜品店里和圣诞市集的甜品摊子上，你都会看到美丽的巧克力四色钵。

海盐果仁巧克力四色钵（6 人份）配料

调温黑巧克力 200g
片状海盐 适量
熟杏仁、开心果、蔓越莓干、杏干 若干
金箔片（可选）

海盐果仁巧克力四色钵（6 人份）做法

将调温好的巧克力装入裱花袋，在烤垫或烘焙纸上挤出一个一个大小相同，略厚的圆形。趁凝固之前，快速将干果和果仁放在巧克力表面，并用金箔装饰。待巧克力凝固后取下即可。

蓝带厨艺学院的巧克力课之三：
酒渍樱桃夹心巧克力
CHOCOLATE RUM SOAKED CHERRIES

首先要说一句，樱桃就是车厘子，已经无数次被水果小贩纠正“这是车厘子，不是樱桃！”好想告诉他们：车厘子 =Cherries= 樱桃。

这个情人节因为忙着做蛋糕，忙着写书，完全没心思提前准备情人节礼物。情人节那天，我做完了当天的订单，喘口气，做了这款巧克力送给老公。深红色的浆果，浸泡在高度酒中，外面包裹了微苦的巧克力，一口咬下去，巧克力壳碎在嘴里，樱桃果汁四溅充满口腔，连吃几颗已经微醺。特别适合情人节的晚上，配着烛光，和你的他一起品尝。

酒渍樱桃夹心巧克力（2 人份）配料

樱桃 若干

高度白酒（朗姆酒或樱桃利口酒或伏特加）适量

黑巧克力 200g

可可粉 适量

酒渍樱桃夹心巧克力（2 人份）做法

1. 选择成熟度较高且带有果蒂的大樱桃，用小刀轻轻在底部切十字，刀刃碰到樱桃核即可。用小镊子从底部插入，把樱桃核夹住，旋转即可取出。

2. 将去核的樱桃浸入高度白酒中，密封，冷藏 3 ~ 5 小时。

3. 黑巧克力调温备用，拿着樱桃蒂，将樱桃整个浸入巧克力中，然后取出，轻轻晃动，去掉多余的巧克力。

4. 放在覆盖烤垫或烘焙纸的烤盘上，趁着巧克力尚未凝固，撒一些可可粉在上面，巧克力凝固即可食用。

5. 浸泡樱桃的酒吸收了樱桃汁的味道，也被染成美丽的浆果红，可以用来调制鸡尾酒，或加入简单糖浆做成刷蛋糕的樱桃浸润糖浆。

蓝带厨艺学院的品酒课：含酒精的浸润糖浆

SOAKING SYRUP

现任蓝带厨艺学院总裁兼 CEO André J. Cointreau 先生来自著名的 Cointreau 家族。人头马干邑和君度利口酒都属于该家族掌管的君度集团。酒在法式甜品中的用处很广：制作香缇奶油、甘那许、海绵蛋糕的糖浆、巧克力的夹心、提拉米苏、歌剧蛋糕、水果蛋糕都会加入各式不同种类的酒。冰淇淋演示课的时候，Chef Nicolas 更是一上来就豪气地开了两瓶香槟，让我们边喝边看他演示制作冰淇淋，作为一名资深的酒类爱好者，此时觉得无比幸福。学校的厨房一角也常年摆放着各种香槟、朗姆酒、樱桃白兰地、橙子利口酒、咖啡酒、梨子利口酒、百利甜、椰子酒……巧克力操作课的时候，累得快虚脱，就把从酒瓶里倒出来做巧克力夹心剩下的酒喝了，马上神清气爽，比咖啡还提神。

所以和 Cheese Lecture 一样被安排在晚上的品酒课绝对是我的最爱。Wine Lecture 的老师是一位语速极快的英国绅士，一丝不苟的金色头发，穿着熨烫得极为平整的衬衫和西装裤，还有擦得很亮的尖头皮鞋。他每次介绍一款酒，自己也喝一点，细细地品，然后吐掉，喝一些白水让味蕾恢复。而同学们都开开心心地把每一种酒喝到肚子里，笑着说要赚回学费。我们曾经在一节课上，品遍法国主要葡萄酒产区的十几种酒；也曾配着肉类、面包喝下十几种佐餐的酒。还有一次喝下十几种配甜点的酒，品酒课的气氛总是随着我们喝下的酒而越来越高涨，课上到一半的时候大家都已经 high 起来，不胜酒量的女同学们脸红到脖子根儿；前排的意大利男生扭回头来要跟我碰杯；不知道谁开始讲笑话，教室里也热闹起来，有人拿杏仁膏捏成小球到处扔；后排法餐班的同学拿出果仁和披萨到处问我们要不要吃；还有人喝多了，不停地出教室去卫生间。酒量很好的我，清楚地记得每一个人开心的样子，和晚上 9 点多下课走出学校时，伦敦春天晚上的味道以及吹在脸上的微风。

▲
欢乐的品酒课

▲
品尝配甜点的酒

含酒精的浸润糖浆由简单糖浆和酒两部分组成，简单糖浆就是把一定比例的水和白砂糖一起煮沸，根据不同的用途，通常比例为 1:1 或 2:1。简单糖浆煮好后关火，趁热将酒倒入，不用晾凉，就可以直接用刷子刷在蛋糕体上，不仅能让蛋糕保持湿润，更是为蛋糕增加了风味。

几种含酒精的浸润糖浆：

草莓蛋糕的浸润糖浆：

水 50ml
白砂糖 50g
柑曼怡 (Grand Marnier) 20ml

黑森林蛋糕的浸润糖浆：

水 40ml
白砂糖 40g
樱桃白兰地 (Kirsch) 8ml

让你的蛋糕更美丽：
糖渍柠檬丝 / 糖霜玫瑰花瓣 / 皇家糖霜

ORNAMENTS

专业甜品师做蛋糕，需要用到很多工具，有很多繁复的步骤。我们自己在家做蛋糕时，即便没有那么多专业的工具和技巧，仅仅用最普通的海绵蛋糕，涂抹鲜奶油，学会一些常用的甜点装饰方法，就能让你做的蛋糕瞬间变得与众不同。糖渍水果、糖霜玫瑰花瓣、皇家糖霜是我常用来装饰蛋糕的秘密武器。

糖渍水果和果皮在法式甜品中很常见，菠萝、樱桃、栗子、梨、柠檬和橙子都可以用糖渍的方法，用糖浆置换出水果中的水分，味道变得更好，亦能保持更长时间。可以作为甜点直接食用，更可以用来制作和装饰甜点。

糖渍柠檬丝　配料

柠檬 1 个

白砂糖 50g

水 30ml

糖渍柠檬丝　做法

1. 柠檬洗净擦干，用削皮器均匀地将柠檬表面薄薄的一层皮刮下来。

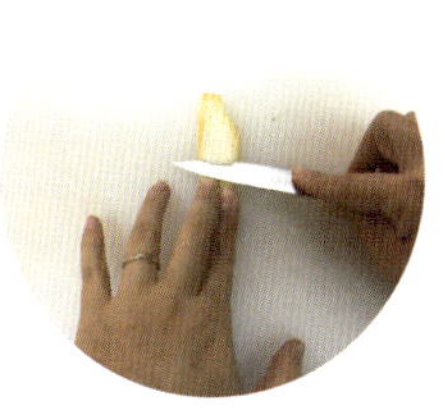

2. 用锋利的小刀去掉内侧有苦味的白色部分。

3. 将柠檬皮切成均匀的条状。

4. 锅内放冷水，加入柠檬条，中火加热直到沸腾，马上倒入滤网，滤去水。锅中重新放入冷水，再重复做两次本步骤的操作，以去掉柠檬皮的苦涩味道。

5. 把白砂糖和水混合煮至沸腾，做成简单糖浆，加入煮沸 3 次滤掉水的柠檬丝，持续煮 2 分钟，放凉。使用前滤出柠檬丝，撒入白砂糖，可以装饰柠檬挞、柠檬蛋糕等。

将自然界的鲜花和叶子，用糖霜定型，装饰你的蛋糕，立即变身充满个性的高级定制蛋糕。

糖霜玫瑰花瓣　配料

玫瑰花瓣 若干

细砂糖 适量

蛋白 1 枚

糖霜玫瑰花瓣　做法

1. 用叉子轻轻地将蛋白打散。

2. 用小刷子蘸取少量蛋白，薄薄地刷在花瓣正反两面。

3. 在花瓣表面撒满细砂糖。

4. 静置一段时间等蛋白自然风干后，就得到晶莹剔透的糖霜花瓣了。

5. 同样的方法可以用来制作糖霜罗勒叶和糖霜薄荷叶等。

在奶油尚未发明的年代，欧洲的宫廷烘焙师把糖磨成极细的粉，和蛋白混合，做成如白雪一样的糖霜来装饰蛋糕，并为蛋糕增加甜味。当今的法式甜品制作中，皇家糖霜用途极广，不仅可以用来在蛋糕表面写字、作画，还可以用来装饰圣诞蛋糕、婚礼蛋糕，更是制作糖霜饼干、姜饼人、姜饼屋时，充当天然黏合剂的绝好材料。

皇家糖霜　配料

蛋白 1 枚
糖霜 200g
柠檬汁 15ml

皇家糖霜　做法

1. 将蛋白稍稍打散，糖霜过筛两遍，筛入蛋白中。

2. 柠檬榨汁并过滤，将柠檬汁加入蛋白糖霜混合物中。

3. 先用手动打蛋器搅匀，再换电动打蛋器搅打至混合物呈现光亮黏稠的状态。

4. 根据用途来调整稠度：太稀加入糖霜，太稠加入柠檬汁。选合适的裱花嘴，装入裱花袋，用来装饰你的甜品。

Lilian 的私享 Tips:

1. 柠檬汁的作用除了平衡甜味，更是为了加速糖霜的凝固。
2. 如果想减缓或减弱糖霜的凝固，可以加入适量食用甘油。
3. 由于鸡蛋表面会沾染细菌，请选择经过消毒的安全鸡蛋。
4. 如果买不到安全鸡蛋，也可以用蛋白粉代替蛋白。

摄影：丛芳

PART 3

从皇室到民间，念念不忘的英伦传统甜品

伴着灯火回家，
英国传统米布丁

RICE PUDDING

进入蓝带厨艺学院甜品课程的高级班，随着甜品制作难度的增加，伴随的是超强度的体力支出。糖艺单元，用锅将糖煮至160℃，在高温的糖艺灯下趁热把糖捏成栩栩如生的玫瑰花瓣。厨房的温度超过40℃，所有人的厨师服被汗水湿透，手上戴的薄薄的手套避免不了手被烫出水泡。

充满巧克力香气本应甜蜜的巧克力单元一度成为大家的梦魇，尤其是对我们这些亚洲女生来说，不间断地搅拌1kg的巧克力，先在bain-marie（蒸锅）上融化，再浸入冰水混合物中冷却，然后再加热，直到能够凝结成有光泽、口感丝滑的固体，随后制成不同形状的巧克力配件，或是不同味道的手工巧克力，几次课下来手上磨破的地方迅速结成了茧，白色的制服上留下永远洗不掉的巧克力。

面包单元，一节课要做出二三十个不同种类的面包。最累的是下午茶单元，全天的高强度的工作，厨房里的惨叫声此起彼伏，印度女孩被沸腾的焦糖灼伤，英国大哥被面包刀切到手……我也没能幸免，切车轮泡芙时手指被切了一个很深的口子，简单止血之后，戴着手套继续工作。

下课时已是繁星满天，觉得身体被透支，没力气做饭，被Sabrina姐姐叫去家里喝当归鸡汤补身体，又做了米布丁当甜品。那时虽然天天做甜品、吃甜品，可是那天吃到的米布丁，让我觉得特别温暖美味。或许是因为我的中国胃被米布丁打动，或许是因为独自在异乡，最累的时候被胜似亲人的好朋友的关心所温暖，于是想把这道英国传统甜品的做法写下来，分享给大家。

米布丁最早出现在英国的都铎王朝，用布丁米(Pudding Rice)、牛奶、奶油、糖经过煮或烤制而成，加入香草或肉桂、肉豆蔻等香料调味。

▲

放学路上等地铁时拍的伦敦，
远处圆形建筑就是“O2体育场”

英国传统米布丁（4 人份）配料

布丁米 100g	椰蓉 10g
水 400ml	全脂牛奶 100ml
香草荚 1 根	白砂糖 30g
椰奶 200ml	

英国传统米布丁（4 人份）做法

1. 用一个带盖子的小锅，倒入布丁米和水，盖上盖子，大火加热到沸腾，之后转小火，慢煮 20 分钟左右。每间隔 2 ~ 3 分钟用刮刀或勺子轻轻搅拌，防止底部的米粒糊掉。煮的过程中，米粒会逐步吸收锅内的水，逐渐变得透亮和饱满。

2. 将香草荚内的香草籽取出一点，或是直接把去掉香草籽的香草荚（料理香草荚的方法详见 P52）放入锅中。这道米布丁不需要太浓郁的香草味道，所以只用香草荚淡淡的味道就和椰奶的椰香很配。

3. 当锅内的水被米粒全部吸收掉的时候，加入全脂牛奶和椰奶、椰蓉，继续小火慢煮 15 分钟左右，同时频繁地搅拌，避免糊掉。

4. 当锅内混合物变得浓稠，米粒被煮得糯糯的，将香草荚取出，加入白砂糖，关火。将米布丁放在喜欢的容器内，搭配坚果、水果，趁热吃吧。

米布丁的千变万化

米布丁很奇妙，可以作为饭后甜点吃，也可以当作早餐吃；热着吃胃里暖暖的，夏天也可以放在冰箱冷藏室里，冰得凉凉的搭配果酱吃。

把你喜欢的食材，加入米布丁：

1. 巧克力米布丁：出锅前加入巧克力粉；做好后放入容器，表面撒上一层巧克力粉。

2. 焦糖米布蕾：将米布丁放入容器，冷却后，表面撒满白砂糖，用喷枪加热至白砂糖焦化，变成金黄色，放凉至室温后食用。

3. 将椰香米布丁放入模具内放入冰箱冷藏，然后倒扣在餐盘上，加入芒果酱汁，就是东南亚国家的人们喜爱的芒果米布丁。

4. 在煮制的过程中，加入肉桂或姜，特别适合在寒冷的冬天食用。

摄影：Yoyo

苏格兰的婚礼甜品，香橙巧克力黄油酥饼

ORANGE CHOCOLATE SHORTBREAD

Shortbread 不是“短面包”，而是起源于 12 世纪苏格兰的传统黄油酥饼，是在圣诞节和新年前夜必备的庆祝甜点。在苏格兰的美丽小岛 Shetland，举行婚礼的新人回到家时，人们会把 Shortbread 弄碎撒在新娘的头上，代表美好的祝福。最早的 Shortbread 被做成圆饼

形，边缘用叉子印出花纹，就像一个大大的太阳，出炉后人们把它分成很多小块，一起享用。一直到16世纪，据说苏格兰的玛丽皇后非常喜爱Shortbread，做了很多改良，把这种黄油酥饼变得更加精致美味，也就是我们现在看到的Shortbread的雏形。

去年我第一次做Shortbread给来自新西兰的老公吃，充满期待地问他是不是特别好吃，他却回答我说，想起了小时候奶奶家整整一橱柜的甜点。他的祖辈从英国漂洋过海来到新西兰，带去了传统的英式甜点，也一直保留着喝红茶一定要配甜点的习惯。爷爷是位农场主，工作是他人生最大的乐趣；奶奶则是拥有着好厨艺的家庭主妇，尤其擅长做甜品。老公说他小时候每次到奶奶家，都会迫不及待地打开装甜点的柜子找好吃的，奶奶做甜品的速度非常快，一下午就能做出四五种美味的甜品，做得最多的就是Shortbread。在寒冷的冬天，和爷爷一起照顾羊群后，回到家，捧着热腾腾的加了牛奶的红茶，吃一口香酥的Shortbread，是老公儿时甜美的记忆。

传统Shortbread的原料很简单：面粉、黄油、白砂糖，之所以美味，关键在于原料中高品质的黄油带来的香酥口感。和其他黄油曲奇不同，Shortbread不可以上色太深，应该是全白或者非常浅的金棕色，刚出炉时异常酥软，冷却后才能成形。传统的做法是最后以白砂糖装饰表面，你也可以加入你喜欢的味道：香橙、柠檬、薰衣草、巧克力甚至红茶。

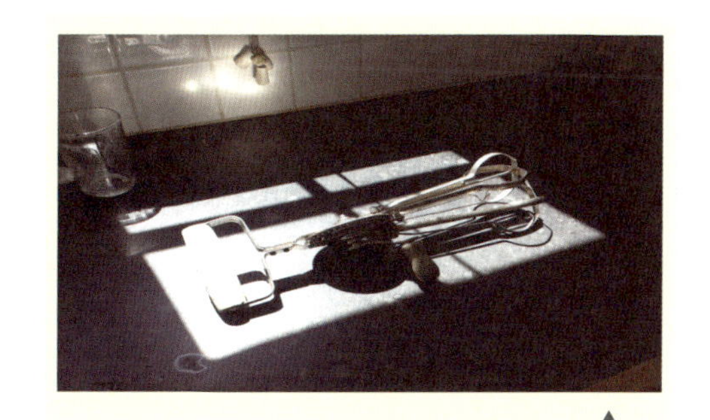

▲
奶奶的手动打蛋器

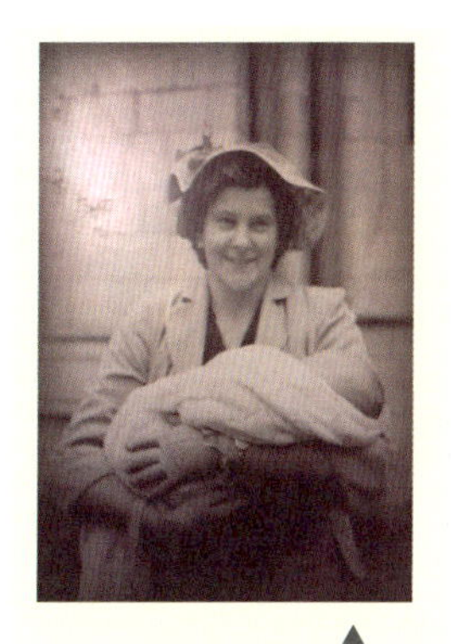

▲
擅长做甜点的奶奶

▲
用了几十年的蛋糕模具

香橙巧克力黄油酥饼（6 人份）配料 / 做法

黄油 150g

白砂糖 60g

低筋面粉 220g

橙子 1 个

调温巧克力 220g

1. 将烤箱预热至 170℃，橙子洗净，轻轻地擦下表面一层橙皮屑。

2. 黄油在室温下软化，加入白砂糖打发至体积增大、颜色变浅，加入橙皮屑。

3. 筛入面粉并用刮板压拌均匀。

4. 整理成面团，移至工作台，轻轻搓揉 5 次。

5. 用擀面杖擀成 5 ~ 10mm 厚，在表面扎孔，放入冰箱冷藏 20 分钟左右。

6. 用模具切出需要的形状。

7. 以 170 ℃烤制 10 分钟左右，直至边缘稍稍有些金棕色，拿出烤箱，自然冷却。

8. 将黑巧克力调温（详见 P98），将 Shortbread 的 1/2 浸入巧克力中。

9. 轻轻晃动去除多余的巧克力，放在烤垫上，巧克力凝固前，可撒一些坚果碎或是橙皮在上面。

摄影：Yoyo

Lilian 的私享 Tips：

为了保证 Shortbread 特有的香酥，黄油一定要打发到位，搅拌面粉时用和做甜酥塔皮一样的压拌的手法，不能过度搅拌。

不在康河泛舟，
也要到果园里品尝司康

SCONES

提到英国的传统甜品，毫无悬念排名第一的是司康。这种其貌不扬的小点心，却以苏格兰和英格兰争夺百年的“命运之石”——Stone of Scone 的名字来命名。

我深深地爱着这个小点心，如同我深深地爱着英国。结束研究生课程回到北京的那两年，试吃过多家饼房和星级酒店下午茶中的司康，也曾遍寻制作司康的食谱，多次尝试制作，却始终找不回那纯正的英国味道。

数不清在英国学习的那几年，我到底吃过多少个司康。在学校的餐厅里，在逛街时，在躲雨时，在写论文压力太大时，在 V&A Museum 和 Tate Modern 看展览累了休息的时候，在约克著名的 Betty's 吃下午茶时，在冬天郊外的小火车站等火车，鼻子冻得红红的，钻进车站边的小咖啡店取暖时……我都会像英国人一样，点一份司康，一壶红茶，用刀横腰把司康切开，涂上厚厚一层浓香的奶油，再加上树莓或是草莓果酱，一口咬下去，外部酥香，内部柔软的饼身和丝滑浓郁的奶油、酸甜的果酱融汇在一起，美味在舌尖绵延。偶尔吃到几粒葡萄干，就又增加了一层风味，吞下去更是觉得无比满足。喝一口加奶不加糖的红茶，瞬间觉得人生美好，心情愉悦。

不同的店家做的司康外形大小不一，除了传统的圆形，更是有三角形甚至方形。简约地配了市售的小瓶装草莓酱或树莓酱和黄油，讲究的则是用精心制作的手工果酱搭配来自英国德文郡 (Devon) 或康沃尔郡 (Cornwall) 特产的凝结奶油 (Clotted Cream)，配银质茶器端上桌。曾经在康沃尔的海滩上，伴着远处狂风卷起的巨浪，吃到了当天制作，无比新鲜的 Clotted Cream 配司康。虽然时间已久远，照片已经无处寻，但我仍记得那味道，虽然那浓郁的奶香无法用文字尽述，但我愿意为了那块司康再去一次康沃尔。

毕业旅行的时候，我和最要好的朋友们一起到了剑桥。没有在康河泛舟，而是步行一个多小时，走过村庄，穿过麦田，在一个安静得如同被隔绝在喧闹之外的果园茶室——Orchard Tea Garden，在果实累累的苹果树下，喝下午茶。红顶绿墙的茶室，果园内随意摆放的古旧而粗糙的深绿色木桌，还有同色的帆布椅子，点上一壶茶、一份司康，蜜蜂徘徊在果酱上不肯离去。仰头看着茂盛的果树中露出的蓝天，想象百年前，在繁花缤纷的果树下，英俊的英国诗人鲁伯特·布鲁克、英国女作家艾德琳·弗吉尼亚·伍尔芙、哲学家伯特兰·罗素等无数著名的作家、哲学家、画家、诗人、文学评论家和数代剑桥学生，就在这里激情澎湃地交谈、辩论、读诗、作画、饮茶，品尝着果酱和司康。几百年过去，时间在这里静止，果园仿佛还在那个年代。如果你有机会来剑桥，一定留一些时间，去拜访这座果园。

▲
伦敦郊外牧场咖啡厅的司康

▲
约克 Betty's 的下午茶

英式传统手工司康（10 人份）配料

低筋面粉 250g+20g（作为防黏粉）
白砂糖 40g
泡打粉 15g
无盐黄油 60g
鸡蛋 50g
牛奶 70ml
蔓越莓干 25g

蛋洗涂层

鸡蛋 1 枚
水 5ml

浓稠奶油

马斯卡彭奶酪 250g
鲜奶油 125g

英式传统手工司康（10 人份）做法

1. 将烤箱预热至 180℃，将面粉和泡打粉一起过筛两遍。

2. 将冷藏的黄油切小块，用双手指尖对搓，不断将黄油和面粉搓匀，直到混合物呈现粗粝的面包糠状。

3. 用手动打蛋器轻轻地将鸡蛋、白砂糖、牛奶搅拌均匀。

4. 将蛋奶混合物加入 2 中，撒入蔓越莓干，用刮板以按压的方式逐渐混合，使面团成形，移至操作台。

5. 在操作台上撒面粉以防止粘连，用擀面杖轻轻地将面团擀至厚约 3cm。

6. 用直径 5cm 的圆形切模切出司康的形状，轻轻移到烤盘上。

7. 将蛋洗配料中所有材料混合在一起，搅拌均匀，轻轻地用毛刷均匀地刷在司康表面。

8. 放入 180℃烤箱内，烘烤 15 ~ 20 分钟，直至表面呈金黄色，即刻出炉，放凉备用。

9. 将室温的马斯卡彭奶酪用手动打蛋器轻轻搅拌至顺滑，鲜奶油用打蛋器打至直钩状，将打发好的马斯卡彭奶酪和鲜奶油均匀混合。

10. 食用前，将司康横向一分为二，涂抹上 9 中的浓稠奶油，再加入树莓果酱，即刻享用吧。

那些 chef 教我的秘笈：

1. 泡打粉的用量直接决定了成品司康的体积和口感，建议用比较精确的电子秤称量。

2. 步骤 9 中的马斯卡彭奶酪请用手动打蛋器轻轻搅打，不要用电动打蛋器高速打发，以避免油脂分离，混合打发奶油后仍然用手动打蛋器轻柔地搅匀。

迎接圣诞节之一：
皇家糖霜姜饼人
GINGERBREAD MEN

在中世纪的英国，姜饼饼干 (Gingerbread) 被认为具有药用价值。最早的记录可以追溯到 17 世纪，姜饼饼干被烘烤出来，在修道院、药房销售，用以缓解胃肠疾病，直至流行至全英国，被当作高级甜品销售。在伊丽莎白一世的宫廷中，姜饼第一次被做成了 Gingerbread Man 姜饼人的形状，赠送给外国的贵族。直到今天，姜饼人成为了英国圣诞节的标志性甜品，在孩子们的童话书中，小姜饼人被塑造成一个可爱单纯勇敢的形象，而未婚女性们更愿意相信那个“吃下姜饼人，你将遇到理想的伴侣”的浪漫传说。

皇家糖霜姜饼人配料

低筋面粉 250g	黄油 60g
泡打粉 2.5g	黄糖 50g
肉桂粉 2.5g	蜂蜜 60ml
姜粉 5g	水 60ml
盐 一小撮	皇家糖霜（详见 P109）1 份

皇家糖霜姜饼人做法

1. 将烤箱预热至 165℃。将低筋面粉、泡打粉、肉桂粉、姜粉、盐一起过筛两次。

2. 将黄糖加入室温软化后的黄油，用打蛋器搅打至黄糖全部融化，混合物体积变大，颜色变浅后，加入蜂蜜继续搅打均匀。

3. 加入水继续搅打，此时混合物呈现渣状。

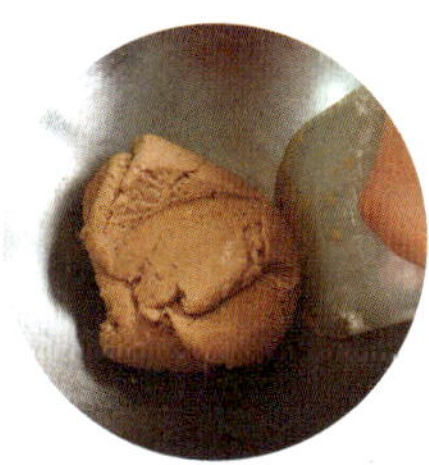

4. 将步骤 1 中的粉状混合物加入 3 中，用刮刀压拌均匀，成团。

5. 将面团放在折叠的烘焙纸中，用擀面杖擀至 3 ~ 5mm 厚，放入冰箱冷藏约 15 分钟。

6. 从冰箱冷藏室中取出，用模具压出姜饼人、雪花和圣诞树的形状，并快速移至放有烤盘纸的烤盘中。

7. 放入烤箱，烘烤 15 分钟左右，直至姜饼边缘呈现金黄色，取出放凉。

8. 将皇家糖霜装入放有细孔花嘴的裱花袋中，绘制出姜饼人的眼睛、扣子和四肢。

迎接圣诞节之二：

皇家糖霜落雪圣诞树

ROYAL ICING CHRISTMAS TREE

皇家糖霜落雪圣诞树配料

低筋面粉 250g	黄油 60g
泡打粉 2.5g	黄糖 50g
肉桂粉 2.5g	蜂蜜 60ml
姜粉 5g	水 60ml
盐 一小撮	皇家糖霜（详见 P109）1 份

皇家糖霜落雪圣诞树做法

1. 提前准备一份冷藏的姜饼面皮。

2. 自制星星形状模板：在巧克力转印塑料片（或干净的硬纸板）上用食用色素笔画出6个从大到小的星星图案，并用剪刀剪下。

3. 将塑料星星轻轻覆盖在姜饼面皮上，用小刀轻轻地划出星星的形状，每个尺寸的星星需要 3 个。放入烤箱，烘烤 15 分钟左右，烤至边缘呈现金黄色，取出放凉。

4. 将皇家糖霜装入放有细孔花嘴的裱花袋中，从最大的星星开始，边缘留出一点空隙，勾画出轮廓。

5. 继续用皇家糖霜逐圈填入，逐渐填满饼干表面。

6. 用抹刀稍稍涂抹，调整出凹凸不平，像积雪的感觉。

7. 按图示逐一覆盖糖霜，并从大到小，星星角交错逐层放置饼干，搭成圣诞树的样子。然后在饼干边缘没有糖霜的位置，点一些小雪球。

Lilian 私享 Tips:

1. 刚搭好的圣诞树不要移动，静置 15 分钟左右，糖霜会起到黏合作用，变得坚固。
2. 圣诞树放置在阴凉干燥处可保存很久。

不含酒精的英国传统饮料

姜汁啤酒

GINGER BEER

正如同 Gingerbread 不是面包，Ginger Beer 也不是啤酒，而是一种含有天然甘辛味的气泡饮料，它由天然的鲜姜汁、酵母和糖发酵而成，完全不含酒精，是英国最受欢迎的传统饮料。英国人真的好喜欢姜，不仅烹饪中大量使用，甜品中除了我们做过的姜饼，还有姜汁松糕、姜汁面包、含有姜的布丁。在维多利亚时代，姜开始用来被做成 Ginger Beer，然后逐步在英国和澳大利亚、新西兰等国变得流行，20 世纪初更是红遍美国、南非、加拿大，达到人气巅峰。

在英国和新西兰，随处可以买到 Ginger Beer，回到北京，只在进口超市中可以看到它的踪迹。参考了很多配方，终于做出了好喝无添加的 Ginger Beer，因为工业化生产的 Ginger Beer 有很多添加剂，家里制作的无法做到味道 100% 一致，但喝了就能一解老公思乡之苦！

姜汁啤酒（2L）配料

纯净水 9 杯（=250ml）	柠檬汁 50ml
塔塔粉 1/2 茶匙	白砂糖 180g
去皮生姜 50g	高活性干酵母 1 茶匙

姜汁啤酒（2L）做法

1. 将新鲜的生姜去皮，用工具制成姜茸。

2. 柠檬榨出汁，滤去柠檬籽。

3. 将塔塔粉、柠檬汁和姜茸放入一个较大的汤锅中，加入 4 杯水，加热至充分沸腾。

4. 随后调至中火继续加热，加入白砂糖并搅拌直到全部融化。

5. 加入剩下的 5 杯水，稍搅拌，使液体冷却到 25℃左右。

6. 加入高活性酵母，搅拌后，用厨房布覆盖锅口，放置在温暖黑暗的地方约 3 小时。

7. 用较细的滤网过滤掉姜末，倒入提前清洗干净并晾干的 2L 塑料瓶，不要装得太满，因为发酵会产生二氧化碳，气体会充满整个瓶子。

8. 将瓶子放置在黑暗且暖和的空间，时间 2 ~ 3 天，每天 1 ~ 3 次，慢慢地拧开瓶盖，释放多余气体（不要一下子打开瓶盖，因为有可能会发生开香槟时的喷射和巨响，更不要把瓶口对准自己或任何人）。

9. 制作完成后放入冰箱冷藏保存，喝的时候倒入玻璃杯，放入冰块、柠檬片享用，也可以放一点朗姆酒做成鸡尾酒。

Lilian 私享 Tips:

由于姜汁啤酒发酵的过程中会产生大量气体，所以，安全起见一定要选用装可乐、雪碧这类装碳酸饮料的大瓶子作为储存的瓶子，因为这些瓶子经过特殊处理，瓶身有弹性，当瓶内充气时不会爆裂。为了安全，一定不要使用玻璃或其他材质的容器！

摄影：丛芳

PART 4

游伦敦，你不能错过的美味

美食中心巴罗市场之一：夏日莓果果酱

SUMMER BERRIES JAM

美食中心巴罗市场之二：秋之苹果肉桂香橙果酱

AUTUMN APPLE ORANGE CINNAMON JAM

夏天的冰淇淋车和手工树莓冰淇淋

HANDMADE RASPBERRY ICECREAM

伦敦路边的蔬果摊之一：不用烤箱的生机牛油果挞

HEALTHY AVOCADO TART

伦敦路边的蔬果摊之二：牛油果无花果奶昔

AVOCADO & FIG SMOOTHIE

考文特花园的奶油草莓可丽饼

STRAWBERRY CREAM CREPE

在伦敦过万圣节，就做这款肉桂南瓜派

CINNAMON PUMPKIN PIE

泰晤士河畔圣诞市集的热红酒

MULLED WINE

砖头巷的麦片香草热巧克力

CEREAL VANILLA HOT CHOCOLATE

美食中心巴罗市场之一：
夏日莓果果酱
SUMMER BERRIES JAM

谈到伦敦，谈到美食，就不得不提到Borough Market。200多年来，它一直坐落在伦敦桥旁，是伦敦最古老的蔬果大宗交易市场。近些年来，随着更多精致美食摊位的加入和一众名人的热捧，Borough Market逐渐成为伦敦城的美食中心和云集了各类时髦餐厅、酒吧的时尚地标，更是世界各地游客慕名而来的必游之地。连英国名厨Jamie Oliver都说，每一次到Borough Market，都是一次令人愉悦的经历。

对我而言，Borough Market是全世界最"好吃"的市场。19岁离家之前，我被当护士的妈妈严格禁止吃路边摊，而在Borough Market的食摊，我却可以大吃特吃世界上最美味的食物：半人宽的锅旁，挽起袖子的小伙子煮着热气腾腾的意大利海鲜饭；铁板上煎得滋滋冒油的英国本地手工香肠和洋葱，撒满现磨的干酪，卷在特制的饼里；用炖得软烂的BBQ牛肋条做成的热狗；在最受欢迎的海鲜吧，你可以买到小份的装在纸杯里剥好皮的甜虾、英国名菜鳗鱼冻、橘红色新鲜的三文鱼片、带着海藻的生蚝，直接浇了柠檬汁，放在纸做的小盘子上，边走边吃；渴了喝一杯鲜榨的果汁，如果不怕排队，就一定要去尝一尝著名的Monmouth Coffee。如果刚巧出了太阳，我最喜欢坐在市场旁边教堂的草地上，听着钟声，晒着阳光，享受美食。

Borough Market也是我学习英文和烹饪的灵感之源。第一次到英国念书的时候还没有智能手机，我就那样傻傻地拿着"快译通"去逛Borough Market，第一次看到叫不上名字的无数种奶酪；浸泡在橄榄油中填进果仁、辣椒、椰枣等各种味道奇怪的橄榄；各式各样新鲜的闪着鳞光的鲜鱼、龙虾、螃蟹；来自世界各地散发着各种肉香的火腿和腊肠；一些奇奇怪怪叫不出名字的调味料和香草；更有来自法国、土耳其、意大利的各种甜品、蜜饯、干果、果酱和乳制品。看到不认识的食物就查字典，被热情的店员邀请各种试吃，再和店主聊几句，讨教一些烹饪的秘诀，然后大包小包很开心地抱了一堆食材，回到住的地方做给自己吃。

6年之后，我在初冬的北京，因为要写这本书，翻到了自己当年在Borough Market拍的照片，回忆起市场里那些可爱的卖甜品的姑娘们鲜活的脸，爱做甜品的人笑得都不一样。还有当年那个从Borough Market的小摊子开始，把成吨的被遗弃的蔬果做成果酱而火遍英国的姑娘Jenny Dawson，她们都是我后来辞职去蓝带厨艺学院学习的动力。所以我想，做两款果酱，纪念那些年去过的Borough Market，也给你们这些同样爱甜品的可爱姑娘。

▲

Borough Market

▲

Borough Market里的各种干果蜜饯

夏日莓果果酱（1瓶）配料

草莓 200g

树莓 150g

红醋栗 50g

白砂糖 300g

柠檬汁 1 个

夏日莓果果酱（1瓶）做法

1. 将草莓、树莓、红醋栗冷冻至少 1 天。

2. 柠檬榨出汁，并过滤。

3. 把冷冻的水果、白砂糖和柠檬汁放入一个厚而深的锅中，果肉和糖的总量不要超过锅的 1/3。

4. 小火加热，并不时搅拌锅中的混合物，冷冻的水果会慢慢融化，释放出汁液，融化白砂糖。

5. 转大火继续加热，并不时搅拌锅中的混合物。

6. 当发现锅中的水果逐渐变成浓稠的泥状，此时要转小火继续加热，并更加频繁地搅拌以避免糊底。

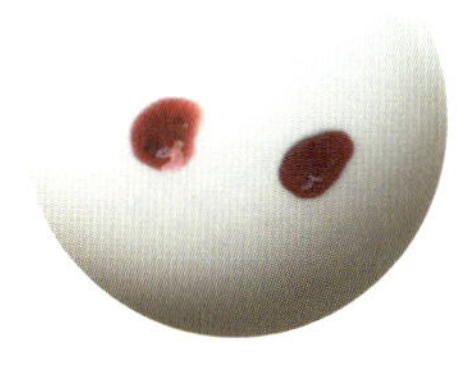

7. 用锅铲取少量果酱小心滴在白瓷盘上做测试，如果像图中左侧果酱较稀，自己会扩散开就继续熬煮，直到如图中右侧果酱滴在盘中呈水滴形而不再向四周扩散，果酱就制作好了。马上离火，将果酱趁热倒入消毒好的容器中，并立即拧紧盖子。

那些chef教我的秘笈：

1. 选择那些成熟的水果，但是不要选熟过了的，更不要选有腐烂痕迹的水果，即使有一点点腐烂也会影响整个果酱的质量和保存。

2. 切掉干的疤痕和小小的碰伤，其他部分的水果可以用来制作果酱，制作果酱前请一定清洗并擦干水果。

3. 新鲜或冷冻的水果都可以用来制作美味的果酱。莓类水果事先冷冻，能缩短制作果酱的时间。

4. 用木质锅铲或耐热的刮刀来搅拌果酱。

5. 最好用玻璃容器来储存果酱，首先用餐具清洗剂清洗容器，沥干水，放入烤箱，以120℃加热30分钟，消毒果酱瓶，这样可以尽量延长保存时间，经过严格消毒制作的果酱能保持1年之久。

美食中心巴罗市场之二：秋之苹果肉桂香橙果酱

AUTUMN APPLE ORANGE CINNAMON JAM

秋之苹果肉桂香橙果酱（1 瓶）配料

苹果 4 个（约 700g）	白砂糖 400g
去皮鲜橙 200g	柠檬 1 个

秋之苹果肉桂香橙果酱（1 瓶）做法

1. 苹果洗净削皮，切成 1cm 左右大小的块。

2. 橙子洗净，取橙汁。

3. 将苹果、白砂糖和橙汁放入一个厚而深的锅中，果肉和糖的总量不要超过锅的 1/3。

4. 大火加热，并不时搅拌。

5. 随着水分的蒸发，苹果逐渐变软且愈发黏稠，此时应转小火，并不断搅拌以防止粘锅。

6. 当锅中的苹果逐渐变得透明，加入肉桂粉和 1 个柠檬的汁，继续搅拌至柠檬汁完全被吸收，浓稠发亮的果酱就做好啦。抹面包或是腌渍猪排都是好选择。

▲
Borough Market 里的甜品

▲
Borough Market 里的蔬菜汁、果汁

夏天的冰淇淋车和
手工树莓冰淇淋

HANDMADE RASPBERRY ICECREAM

相比多雨阴沉的秋冬，英国明媚的夏天格外珍贵却也异常短暂，海岛国家的天空总是被厚厚的云团遮挡，人们争分夺秒地享受阳光。住在学校宿舍的时候，我的窗户正对着学校的大草坪，每次一出太阳，不到5分钟，草坪上就躺满了晒太阳的同学，这个时候，没有什么能比吃上一口冰凉润滑的冰淇淋更幸福了。每当听到叮叮咚咚悠扬的音乐，就不由得开心起来，因为知道冰淇淋车来了。英国同学告诉我说，冰淇淋车是她童年关于夏天全部的记忆，每天竖着耳朵，听到冰淇淋车的音乐，马上找妈妈要钱飞奔出去买冰淇淋。社区和公园的冰淇淋车前面，总是排着长长的队，车身色彩鲜艳，上面印着孩子们喜欢的各种卡通形象，还有很多冰淇淋造型的装饰。

虽然英国超市里的冰淇淋琳琅满目：不仅有打折后一大桶不足 2 英镑的哈根达斯，以用料足而闻名的 Ben&Jerry's，还有英国的国民品牌和路雪、吉百利和来自康沃尔郡只使用原产地牛奶的 Kelly's，来自苏格兰据说是古法制作的冰淇淋品牌 Mackie's，以及众多超市的自有品牌冰淇淋和进口的意大利品牌 Gelato，可是还是无法取代冰淇淋车在英国人心中的位置。如果你在夏天到英国旅行，有幸遇到冰淇淋车，一定要尝一尝，体会一下英国人的儿时情怀。

▲
康沃尔郡奶香浓郁的 Kelly's 冰淇淋

▲
伦敦的冰淇淋车

▲
怀特岛上好吃的手工冰淇淋

手工树莓冰淇淋（6人份）配料

鲜奶油 300ml
树莓果茸 300g
白砂糖 30g
炼乳 150g
酸奶 1 罐（约 130g）
树莓鲜果 少许

手工树莓冰淇淋（6人份）做法

1. 在树莓果茸中加入白砂糖，用小锅加热至糖全部融化，边缘开始沸腾时离火，放入冰水冷却。

2. 混合炼乳、树莓果茸、酸奶，搅拌均匀。

3. 将奶油打发至直钩状态。

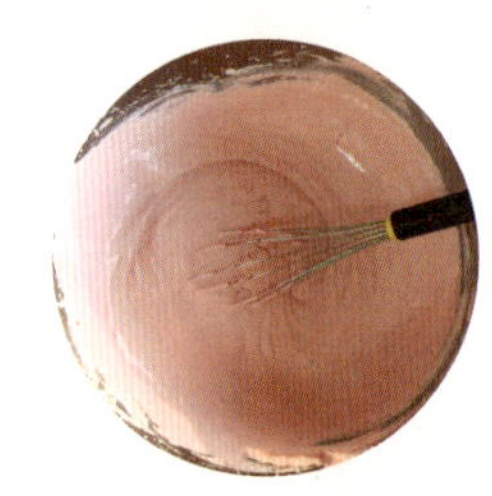

4. 将 1/2 奶油混入树莓混合物中，用刮刀轻轻搅拌均匀。混合剩余的奶油，同样用刮刀轻轻搅拌至颜色均匀。

5. 倒入容器内，表面撒树莓鲜果，放入冰箱冷冻过夜。

Lilian 私享 Tips:

1. 食用前在室温下回温，稍稍变软后再吃。
2. 想做出亮的冰淇淋？把冰淇淋勺浸入温水中，然后使用。
3. 手工冰淇淋不含防腐剂，密封冷冻保存，尽快吃完。

伦敦路边的蔬果摊之一：不用烤箱的生机牛油果挞

HEALTHY AVOCADO TART

在伦敦繁华的大街小巷，随处可见新鲜、价格亲民、品种丰富的蔬果摊。色彩鲜艳的各种蔬菜、水果，就这样或整齐或随意地摆在街边。在阴沉多雨的伦敦，当你转过街角，眼前映入一片明艳，心情都跟着美丽起来。虽然近些年来，大型品牌连锁超市 Sainsbury's、Tesco、

Waitrose 遍布伦敦，更有专门出售价格不菲的有机蔬果的 Whole Foods Market，在中产阶层和富人中变得越来越流行。但是相比整齐的货架上摆着的那些被挑拣整理过，装在塑封袋中的蔬菜，还有禁锢在一个个塑料盒中的水果，街边的蔬果摊显得更有生气，也是伦敦城不可或缺的存在。

曾几何时，一些超市试图取代这些蔬果摊，但伦敦当地的居民早已习惯了在下班回家的路上停下来，买些新鲜水果蔬菜，和相熟的摊主寒暄几句，用棕色的纸袋装了水灵灵的油桃，散发着香气的橙子，几串红得发亮的西红柿，紫黑色的大樱桃，满满地捧在怀里，一共也花不了几英镑。相比超市，蔬果摊的价格真是太接地气。

记得刚到伦敦的时候，每天放学回家的路上，都会经过一个印度男生的蔬果摊，不大的摊位上整整齐齐地摆着很多小塑料盆，分别装满橘子、英国梨、苹果、香蕉、桃子和牛油果，全部 1 英镑一盆。2010 年的 1 英镑相当于人民币 10 元，而在当时的北京，牛油果只在进口超市售卖，我每次去新元素餐厅必点考伯沙拉，大部分原因也是因为喜欢吃里面的牛油果。我半信半疑地问印度男生："牛油果也是 1 英磅一盆吗？""大的一盆 3 个，小的一盆 6 个，都是 1 英磅。"于是我隔三差五地去那个水果摊，每次必买牛油果，印度小哥每次都羞涩地微笑着帮我挑合适的熟度，"一个很熟的今天吃，一个半熟的明天就可以吃了，再挑几个微绿的放软了再吃啊。"那个夏天，我换着花样地用牛油果做沙拉，一切两半放一些蜂蜜用勺挖着吃，抹面包、配玉米片，做甜品，做奶昔……吃掉了人生中最多的牛油果。

▲
1 英磅一盆的水果

▲
色彩明艳的水果摊让人眼前一亮

生机牛油果挞（4 人份）配料

生核桃 50g
生麦片 50g
椰蓉 30g
椰枣 100g
椰子油 50g
Weet-Bix 低脂低糖麦片 3 块
（或其他熟制谷物脆麦片 50g）

马斯卡彭奶酪 250g
牛油果 2 个（约 400g）
柠檬汁 1/2 个
糖粉 50g
树莓或蓝莓 少许

生机牛油果挞（4 人份）做法

1. 将生核桃、生麦片和椰蓉放入烤箱，以 150℃烤 8 分钟取出备用。

2. 椰枣在温水中浸泡 1 分钟，去皮去核；椰子油稍加热融化至液态备用。

3. 将以上全部材料放入食物料理机，加入 Weet-Bix 或其他熟制谷物脆麦片，搅匀至黏稠。

4. 用锡纸包住 6 寸慕斯圈底部，将 3 中的材料倒入慕斯圈并压平。

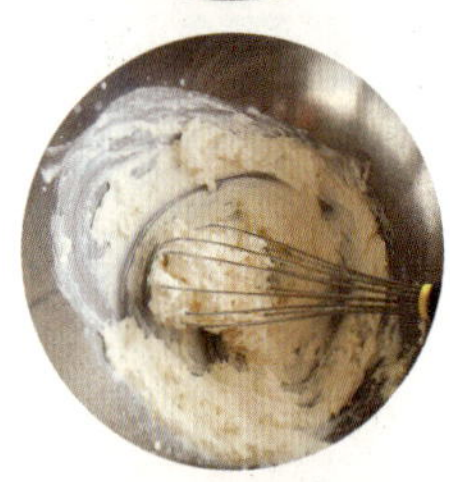

5. 将室温的马斯卡彭奶酪放入打发盆，用手动打蛋器轻轻搅打至顺滑（不要用电动打蛋器或高速打发，以避免油脂分离）。

6. 将牛油果切成两半，用勺子取出牛油果果肉，加入柠檬汁和糖粉，用料理机打成泥状，加入 5 中，搅拌均匀。

7. 将 6 中的牛油果奶酪平铺在 4 中的挞底上，放入冰箱冷藏 3 小时以上，用小刀沿慕斯圈轻轻划开，脱模。

8. 用树莓、蓝莓或其他水果装饰，撒上少许烤脆的椰子片或杏仁片。

伦敦路边的蔬果摊之二：牛油果无花果奶昔

AVOCADO & FIG SMOOTHIE

牛油果无花果奶昔（1 人份）配料

牛油果 1 个
冰牛奶 200ml
白砂糖 30g
成熟的无花果 1 个
伏特加 少许

牛油果无花果奶昔（1 人份）做法

将上述所有材料一起放入食物料理机，搅打均匀即可。如果喜欢无花果果肉的口感，可先打匀牛奶和牛油果后再加入无花果，稍微打几秒钟即可，按个人喜好选择是否加入伏特加，用薄荷叶在表面装饰更漂亮。如果用蜂蜜或枫糖浆代替配方中的白砂糖，更健康。

▲
操作非常简单，
只需要一部强大的料理机

▲
硕大多汁的无花果和无比新鲜的牛油果

考文特花园的
奶油草莓可丽饼
STRAWBERRY CREAM CREPE

Covent Garden，中文常译作考文特花园，它是即使你只在伦敦停留一天也一定要来的地方，因为它很“伦敦”。和伦敦城一样，这里是把古老和现代，时尚与艺术融合得天衣无缝的所在，是伦敦最早建立的广场。狄更斯时代这里的蔬果市场的叫卖声仿佛还声声在耳畔，石块铺成的小路旁是古色古香的老式拱廊，备受推崇的皇家歌剧院是歌剧迷必去的朝圣之地。从来自世界各国的奢侈品牌店到英国本土的高街品牌，古董、艺术品、书店、家具店、各类特色小店、纪念品店、各式咖啡厅、餐厅、酒吧、甜品店、食材店……应有尽有。

这里还是伦敦的街头艺人和行为艺术家集中表演的所在地，你会无意中瞥见路边一座锈迹斑斑的铜像冲着你眨眼睛，一个穿着长袍的人悬浮在空中，还会不经意间看到红色的电话亭上蹲着的蜘蛛侠。听着广场上乐队的演唱，离开人头攒动的主街道，钻进四通八达的小巷，你会遇到更多惊喜：房子被漆成了各种颜色，如同彩虹一般颜色绚丽的 Neal's Yard，小巷中小小的 SPA 和治愈系塔罗牌、心灵书店，诗人聚集的素食咖啡馆，英国王室御用花艺师开的花艺学校，还有英国“厨神”Jamie Oliver 的新概念餐厅和秘密地下酒吧。每到圣诞新年，Covent Garden 都会被各种彩灯和艺术家的装置作品装点得如同梦幻世界。

如果你是文艺青年，请一定来这里，因为这里是文艺青年的街拍胜地；如果你是运动达人，坐地铁到 Covent Garden Station，出站的时候，一定要试一试不乘电梯，从地铁里的旋转金属楼梯走上来；如果你是甜品控，那就一定要去尝一尝据说是伦敦最好的可丽饼店 Crème de la Crêpe 的草莓奶油巧克力可丽饼。

▲
人气很高的可丽饼店 Crème de la Crêpe

▲
Crème de la Crêpe 的巧克力可丽饼

奶油草莓可丽饼（6 人份）配料

奶油草莓可丽饼

低筋面粉 100g
黄油 60g
玉米淀粉 20g
香草精华 少许
白砂糖 20g
牛奶 250ml
鸡蛋 2 枚
草莓 若干

香缇奶油

鲜奶油 200ml
香草精华 2～3 滴
糖霜 40g

奶油草莓可丽饼（6 人份）做法

1. 将黄油加热融化成液态并放凉至室温。

2. 低筋面粉过筛，加入白砂糖与面粉充分混合。加入鸡蛋，用手动打蛋器从边缘向中央画一字，轻柔地将面粉和鸡蛋混合均匀。

3. 当只剩一半面粉的时候，加入放凉的黄油液体继续搅拌，直至完全混合均匀。

4. 加入室温的牛奶和香草精华，继续混合均匀至几乎没有面粉颗粒。

5. 将混合物过筛，覆盖保鲜膜，放入冰箱冷藏至少 1 小时。

6. 锅中刷少许油，倒入面糊，转动锅使面糊呈圆形均匀地覆盖在锅的底部。

7. 稍过一会儿用刮刀轻轻掀起，如果看到可丽饼内侧呈现少许棕色，立即翻面。

8. 待双面都烤熟，用刮刀帮忙，放入盘中。

9. 放凉的时间，用来制作香缇奶油，将奶油、糖霜、香草精华混合并打发至直钩状态。洗净擦干草莓并切成想要的形状。

10. 将香缇奶油和草莓包入可丽饼中，表面稍加装饰即可食用。

在伦敦过万圣节，就做这款肉桂南瓜派

CINNAMON PUMPKIN PIE

在世人眼中温文尔雅，刻板严肃的英国人，总是利用一切机会放飞自我，每年一度的“煎饼节”、“诺丁山狂欢节”、“地铁无裤日”，还有世界闻名的“裸骑”，都能看到各种或疯狂或搞怪或是喝得酩酊大醉、倒地不起的英国人。

在伦敦这个充满鬼魂幽灵传说的城市，万圣节也不再只是孩子们提着南瓜灯，喊着 "Trick or Treat!" 挨家挨户敲门要糖的节日，更是大人们释放和发泄的节日。还没到万圣节，整个城市就开始躁动，各大超市、商场在商品和陈列中加入万圣节元素，教大家 DIY 用来吓人的装饰，甜品店推出恐怖蛋糕，餐厅推出血腥菜单。夜幕降临，装扮成各种僵尸鬼怪的人开始出动，聚集在街头、地铁里、公园，还有伦敦那些据说闹鬼的地方：伦敦最著名的闹鬼景点——伦敦地牢，再现鼠疫、黑死病和伦敦大火惨案；去西区剧院看恐怖舞台剧；乘坐曾经运输过棺木的幽灵大巴，听着鬼故事，穿过开膛手杰克之路，经过埋着无数尸体的威斯敏斯特大教堂，来到乌鸦环绕幽灵出没的伦敦塔。如果你还想更刺激，就在万圣节的夜晚去拜访近些年来频传有吸血鬼出没的 Highgate 墓园吧！说不定会遇见什么！

南瓜是万圣节的标志，用做南瓜灯剩下的南瓜 ，来做一款万圣节南瓜派吧！

肉桂南瓜派（6 人份）配料

甜酥派皮 1 个（做法详见 P58）
去皮的南瓜 220g
红糖 40g
盐 一小撮
鸡蛋 1 枚
蛋黄 1/2 枚
鲜奶油 60g
肉桂粉 1/4 茶匙
姜粉 1/4 茶匙

肉桂南瓜派（6 人份）做法

1. 将烤箱预热至 180℃，南瓜蒸至绵软。

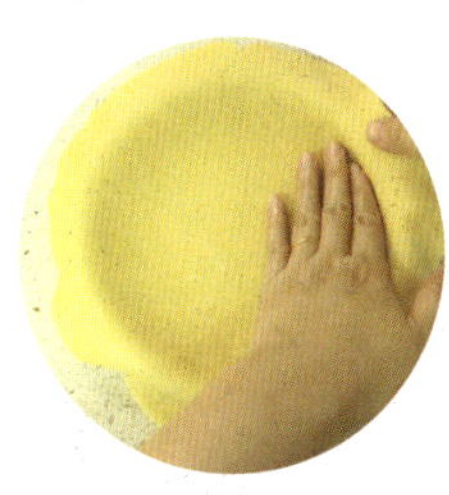

2. 将甜酥派皮擀至厚度 3mm 左右，入模具，扎孔，入烤箱烤制 10 分钟左右。

3. 把南瓜、红糖、盐、鸡蛋、鲜奶油、肉桂粉、姜粉全部放入食物料理机，搅打成糊状。

4. 倒入派底中 1/2 满，用刮刀抹平。

5. 将 2 中剩余的面皮用切模器具切成喜欢的形状，放在南瓜派上。

6. 放入 180℃的烤箱，烘烤 30 分钟左右，直到表面呈现漂亮的金棕色，取出放凉。

Lilian 私享 Tips:

可以用模具将剩余的面团压出叶子的形状，装饰南瓜派。

泰晤士河畔圣诞市集的
热红酒

MULLED WINE

每当冬天来临，人们就开始热切地盼望圣诞，伦敦的圣诞气氛来得特别早，也格外浓烈。从 11 月中旬开始，圣诞的气息逐渐在英国的大街小巷蔓延开来。最繁华的牛津街和摄政街被无数雪花、雪球、驯鹿、雨伞、星星、铜铃形状的圣诞彩灯点亮，不能错过的还有各大百货公司充满创意的圣诞橱窗：Selfridges 的创意圣诞橱窗是牛津街上最亮眼的风景。而大名鼎鼎的 Harrods 每年的圣诞橱窗则是由世界著名品牌精心打造，像一件件艺术品，吸引全世界的目光。特拉法加广场的巨型彩灯圣诞树，自然历史博物馆门口的千米梦幻溜冰场，购物中心里教会学校孩子们的圣诞演唱，都时刻提醒着你 Christmas is coming! 还有大大小小的各种圣诞市场，传递着圣诞的喜悦，让伦敦的冬天变得温暖。

Southbank Centre Christmas Market 就坐落在“伦敦眼”之下，泰晤士河的岸边。每到圣诞节前，一座座由彩灯点缀的小木屋沿河岸排开，在这里你能买到各式各样的圣诞礼物：Mince Pie、姜饼人、手工巧克力、香草糖这样的传统圣诞甜品，还有让你能感受到伦敦圣诞气息的精美手工艺品，更能看到艺人们的精彩表演。

海德公园每年圣诞期间的冬日奇境——Hyde Park Winter Wonderland 是孩子们的天堂，也是我们这些童心未泯的大人圣诞节必去的地方。从 11 月中到次年 1 月初，一座冰雪游乐园在海德公园拔地而起，小朋友最爱的马戏团表演和圣诞老人之家、旋转木马、摩天轮，高达 60 米可以俯瞰整个伦敦的极速升降机，最大的户外音乐溜冰场、令人眼花缭乱的主题冰上表演，当然更少不了各种热气腾腾的美食。国宝级食物 Fish and Chips、德国酸菜热狗、香肠、啤酒、汉堡、烤棉花糖、热腾腾的苹果派还有各式美味的街边小吃。

全英国上下大大小小的圣诞市场不知道有多少，但所有的圣诞市场都会出售一种传统圣诞饮品——Mulled Wine 热红酒。在红酒中加入橙子等水果，还有肉桂、丁香、月桂叶等暖身的香辛料，用糖调味，煮热后饮用。水果的芬芳融进红酒中，加热使得红酒的口感变得温和，再加上糖带来的甜味和香辛料带来的热度，阴冷的冬天，逛圣诞市场时来一杯，捧着边走边喝，全身都暖暖的。

▲
圣诞集市上的热红酒总是最受欢迎

▲
不仅是孩子，
大人也会被圣诞老人的糖果吸引

热红酒（4 人份）配料

红酒 1 瓶（750ml）	肉豆蔻 1 颗
橙子 1 个	生姜 20g
柠檬 1 个	赤砂糖 50g
苹果 1 个	朗姆酒 / 伏特加 / 白兰地
肉桂棒 1 根	30~50ml（可选）

热红酒（4 人份）做法

1. 将橙子洗净连皮切成厚片，柠檬用削皮器取黄色部分的果皮。

2. 将肉豆蔻用厨房布包裹，用小锤子或刀背稍稍砸碎。

3. 姜去皮切成片状。

4. 苹果切成块状。

5. 将除朗姆酒外，所有原料倒入彻底洗净无油的中号汤锅中，中火加热，轻轻搅拌直到糖全部融化。

6. 转小火，将热红酒维持在将要沸腾但尚未沸腾的状态，煮制约 15 分钟，请一定不要让红酒沸腾，否则会失去红酒的风味。

7. 红酒煮好后离火，酒量好的话可再加些朗姆酒或伏特加或白兰地，趁热饮用。

PROPIEDAD

砖头巷的
麦片香草热巧克力

CEREAL VANILLA HOT CHOCOLATE

如果你爱老唱片、如果你爱 Vintage、如果你爱涂鸦、如果你爱艺术喜欢手工艺品、如果你爱各国美食，那么欢迎来到东伦敦的艺术家聚集地——Brick Lane！这里曾是印度人的社区，但如今已成为游客必到的伦敦时尚地标之一。这里充满活力和创意，大大小小的巷子里，随处可见巨幅炫酷的涂鸦作品，这里有号称欧洲最大的唱片行——Rough Trade，热闹的街道上也随时会有音乐人的街头即兴表演，这里有最好吃的印度菜馆，最好吃的贝果夹牛肉店 Beigel Bake，还有售卖各国美食的 Food Hall。这里是 Vintage 爱好者的天堂，能买到各个时期的衣服、鞋子、饰品、家具甚至古玩。

这里也有很多不错的 Pub 和充满个性的独立咖啡馆，Cereal Killer Café 就是一家这样的店。它是英国也是世界上第一家麦片咖啡店，店里出售的每样食物，每件摆设都和麦片相关，对麦片着迷的双胞胎兄弟 Gary Keery 和 Alan Keery 从全世界搜集了 100 多种麦片，搭配 30 多种不同风味的牛奶，还有 20 多种配料供随意搭配。店里的装潢色彩缤纷，桌椅也很有 20 世纪 80 年代的风格，各种限量版的麦片盒和小玩具在架子上展示，播放的怀旧音乐，让人怀念起童年的美好时光。在这里，你能喝到全伦敦最好喝的麦片热巧克力：香蕉口味的牛奶做成浓郁的热巧克力，配上刚刚打发的鲜奶油，热乎乎地倒在马克杯里，浇上大量的焦糖海盐酱，最后撒上一把香脆的麦片。伦敦阴沉的天气，让人忘记去计算这一杯含多少卡路里，沉浸在巧克力的天堂，慢慢地喝掉它，仿佛回到童年。

▲
Brick Lane Style

▲
Cereal Killer Café 的招牌麦片热巧克力

▲
Cereal Killer Café 玲琅满目的麦片墙

麦片香草热巧克力（1人份）配料

- 白砂糖 25g
- 原味巧克力粉 20g
- 水 25ml
- 牛奶 250ml
- 香草精 2 滴
- 海盐 1 小撮
- 鲜奶油 100g
- 牛奶 250ml
- 巧克力甘那许 / 焦糖海盐酱 适量
- 麦片 30g
- 榛果碎 少许

麦片香草热巧克力（1人份）做法

1. 将原味巧克力粉过筛，和白砂糖一起倒入小锅中。

2. 加入水，搅拌均匀，用小火加热，不时用刮刀搅拌，慢慢让白砂糖产生焦化反应，直到混合物开始出现气泡。

3. 分几次加入牛奶，每次加入牛奶后，用刮刀搅拌均匀，再加入牛奶，直到完全混合均匀。

4. 滴入两滴香草精华。

5. 加入一小撮海盐，搅拌均匀，倒入杯中。

6. 用电动打蛋器打发鲜奶油至直钩状，放在热巧克力顶部，用裱花袋挤少许甘那许或焦糖酱在奶油顶部，撒上麦片和烤熟的榛果碎，尽情享用吧！

图书在版编目（CIP）数据

我的英伦甜点笔记 / 陈琛著. 一北京：电子工业出版社，2018.1
ISBN 978-7-121-33091-9

Ⅰ. ①我… Ⅱ. ①陈… Ⅲ. ①甜食－制作 Ⅳ. ①TS972.134

中国版本图书馆CIP数据核字（2017）第286692号

策划编辑：栗　莉
责任编辑：鄂卫华
印　　刷：中国电影出版社印刷厂
装　　订：中国电影出版社印刷厂
出版发行：电子工业出版社
　　　　　北京市海淀区万寿路173信箱　　邮编：100036
开　　本：787×1092　1/16　印张：10　字数：108千字
版　　次：2018年1月第1版
印　　次：2018年1月第1次印刷
定　　价：48.00元

凡所购买电子工业出版社图书有缺损问题，请向购买书店调换。若书店售缺，请与本社发行部联系，联系及邮购电话：（010）88254888，88258888。

质量投诉请发邮件至zlts@phei.com.cn，盗版侵权举报请发邮件至dbqq@phei.com.cn。

本书咨询联系方式：lily34@phei.com.cn　（010）68250970